直感経営

NASAが
“刃”のないミキサー
を使う理由

株式会社シンキー代表取締役社長
石井重治

DISCOVER
BUSINESS
PUBLISHING

直感経営

NASAが〝刃〟のないミキサーを使う理由

はじめに

私の会社が「ミキサー」をつくり始めたのは、とある歯医者さんの「歯型を取るとき、アルギン酸というものを手で混ぜてペースト状にしてから患者さんの口に入れるんだけど、混ぜるのが本当に疲れるしミスも多いんだよね」

という悩みを聞いたことがきっかけでした。

虫歯治療をしたことがある人は覚えがあるかもしれませんが、アルギン酸とはピンク色の溶けたゴムのような素材です。

粉末のアルギン酸と水を手作業で混ぜるのですが、

・腱鞘炎になるくらい疲れる
・しかも短時間で仕上げないといけないので、失敗が多い
・かといって既存の機械を使うと、気泡が入ってしまい使いものにならない

・結局、慣れた人の手でやるしかない職人技になってしまうと、地味ですが、とても大きな負担があるようでした。

そこで「その悩み、私たちが解決します」と大風呂敷を広げ、実に13年の歳月をかけて私たちは独自の「ミキサー」を開発したのです。

手前味噌ですが、まさに革命的なミキサーが完成しました。歯医者さんは大いに喜んでくれ、今ではコンビニより多くなった国内の歯科医院のほとんどで使用され、新たな常識となっています。さらに、その技術は薬局で軟膏を混ぜることにも有効ということで、薬局でも常識になりました。

この独自技術は、野菜ジュースなどをつくる「一般用ミキサー」とは大きく異なります。

そのほか、研究所や工場で化学薬品や塗料、食品の原料などを混ぜる目的で使われる「産業用ミキサー」と呼ばれるものがあります。基本的な構造は一般用ミキサーと大きく変わらず、容器の中にプロペラのような刃や攪拌棒など、混ぜるための部品があり、そこに原材料を入れて混ぜる、という仕組みです。従来の「混ぜる」という行為は物理的に空気が入るのですが、私たちのミキサーは撹拌と同時に脱泡する（気泡を抜く）ことができるのです。私たちが開発したのは大きく分けると産業用ミキサーなのですが、混ぜるための部品である「刃」や「棒」が付いていません。

「遠心力」で混ぜることで、空気が入らない仕組みとしたのです。

この仕組みが、私たちの想像を大きく超える出来事を引き寄せてくれました。歯科業界や薬局などに加え、なんと、世界最大の航空宇宙機器開発製造会社であり、アメリカの大型旅客機メーカーであるボーイングや、日本の国立研究開発法人で最大規模であるＪＡＸＡといった世界的企業・研究機関から、国内の大手メーカー、中小製造業まで、さまざまな企業から注文が入りはじめました。

「気泡が入らない、均一な撹拌ができる仕組み」を、私たちが全く想定していなかったことに活用してくれる企業もあり、自社の製品ながら「そんなこともできるのか」と驚かされることも多々ありました。

歯医者さんの「混ぜることへの悩み」を解決するためにつくった技術が、日本に留まらず、世界のものづくり企業の悩みも解決していったのです。

「産業用ミキサー」というニッチな業界ではありましたが、私たちのミキサーは革命的な製品として人気を博し、数年で業界トップシェアとなりました。

「ミキサーなのに、刃がない」
「ミキサーなのに、気泡が入らない」
「ミキサーなのに、汎用性が極めて高い」

と、今までの常識を覆すことができたのです。

発売から30年以上が経っていますが、現在、私たちのミキサーの仕組みは「常識」となり、今でも業界トップのシェアを誇っています。

非常識を常識に変えることができたのは、私たちにもともとミキサー製作のノウハウがあったからではありません。最初は「産業用ミキサー」の存在も、原理もマーケットもよくわからない、全くの門外漢でした。

ではなぜ、未経験の新規参入で成功できたのか。その秘密こそ、この本を通して私があなたに伝えたいことなのです。

私は14歳のとき、「事業家とはなんと男らしい仕事なのだ」と感銘を受け、事業家になる夢を持ちました。しかし、当時まだ中学生だった私は、なにをするかは全く決めていませんでした。

19歳で社会人になり、必死で開業資金を貯めました。そして30歳のときに会社を立ち上げてから、なんと5回も会社の主事業、業態を変え、毎回「一からのスタート」を経験しましたが、すべて成功しました。

いずれも違う主事業、業態でしたが、一つ共通していることがあるとすれば、私が勝負をしようと思った製品がすべて「まだ世の中の常識になっていないもの」だったということです。

本書では、この本を読んだあなたの仕事で少しでも役に立てればと、私の会社のミキサーの特徴と、企業ごとの活用方法について説明しています。また、もう一つの柱として「常識を変える製品をつくった経緯」「業界トップシェアになった理由」「どんな決断、行動をしてきたか」といった実際のストーリーも紹介しています。

柱を一つ増やした理由は、本書の執筆中に「新型コロナウイルス」が世界的に流行したことが背景にあります。コロナショックの影響により、多くの企業が大打撃を受け、今、先の見えない不安に陥っています。

しかし、私はこの状況を大きなチャンスだと思っています。

その理由は、どんな会社も一斉にスタートラインに立っている状態だからです。今後、治療薬が開発されこの状況が落ち着いたとしても、私は「これまで通り」に戻ることはないと思っています。

多くのサラリーマンはテレワークによって「時差出勤でも、出社しなくても仕事ができる」という経験をし、消費者はわざわざ買い物に出かけなくても生活には困らないことを知ります。経営者も、オフィスを持つ意味をもう一度考え、少人数でも業務が回る、ということに、改めて気が付いてしまうでしょう。

要は、今まで誰もが深く考えることのなかった「常識」が変わり、大企業も中小企業も全員が「新しいルールでもう一度やり直し」を余儀なくされているのです。こんなチャンス、滅多に来るものではありません。誤解を与えるような表現になってしまっていますが、これはあくまで商売の世界の話です。大前提として、新型コロナウイルス自体は恐ろしいものだと思っていますし、罹患された方々やその周囲の方に対しては、大変気の毒に思っています。

いずれにせよ、私はこれまでそうした「業界の常識を変える」「会社の状態を変える」という経験を、少なくとも5回経験し、すべて乗り越えました。

その経験や考え方が、少しでもあなたにとって「新たな常識の世界」を乗り越えていくためのヒントになってほしいと思っています。

本書は専門的なことを並べ立てる難しい本ではありません。そもそも、私は勉強が大の苦手で、これまで「論理的な経営」をしたことはありません。これまでの人生すべて、直感に従ってきました。経営判断も同じで、困難に直面したときは、自分の脳に問いかけ、脳からの回答に従ってきました。

これだけでは伝わりづらいかもしれませんが、本書を通して私が実践してきた「直感経営」の一端を紹介したいと思っています。

本書が中小企業経営者をはじめ、すべての事業者の方々にとって業績向上の一助となれば、著者としてこれ以上の喜びはありません。

目次

［第3章］

手のひらサイズの玩具から宇宙まで ミキサーが起こしたいくつもの「革命」

［第4章］
ピンチをチャンスに変える「直感経営」こそ中小製造業が今選ぶべき道

第1章

市場を驚愕させた「非常識」ミキサー

世界を変えたミキサーの仕組み

私の会社は、ミキサーの常識を覆す革命的な製品をつくりだしました。従来のものと比べて、どう違うのか、最初に説明します。

まず、従来のミキサーといえば、家庭用の調理家電としてのミキサーや、工場で化学薬品や食品の原料などを混ぜる目的で使用されている産業用ミキサーなどがわかりやすいところだと思います。

これらの基本的な構造は容器の中にプロペラのような刃や攪拌棒など、混ぜるための部品があり、そこに原材料を入れて混ぜる、という仕組みです。

この時、プロペラは空気を取り込みながら回転するので、混ぜた後には「泡(気泡)」が生じます。野菜ジュースをつくったりする場合には、ミキサーの蓋を開けた時にプクプクとした気泡が浮かんでいることに、不満を持つ人は少ないでしょう。

「ミキサーで混ぜるのだから、当然気泡は入る」

一般的なミキサーの仕組み

と、大多数の人はそれを常識として捉えています。しかし、産業用のミキサーを使う企業や研究所の中には、その気泡があることで、品質が均一にならなかったり、正確なデータが取れなかったりするところも多いのです。そこで私たちが開発したのが、気泡の原因となるプロペラ（刃）をなくしたミキサーでした。

その構造は、まず混ぜ合わせたい材料を特製の容器に入れ、コマのように800rpm（1分間に800回転）の速度で自転させます。このとき、地球の自転のように、地面に対して垂直ではなく、45度の傾きをつけています。そして、高速で回転するその容器自体を2000rpmの速度で公転させるのです。構図としてはちょうど、太陽の周りを自転しながら回る地球のようなイメージです。

容器は400Gの重力で公転しているので、容器内の材料は遠心方向に移動します。これによって気泡は取り除かれていきます。そして、自転によって材料に流れ（回転とせん断）が生じるので、精密撹拌ができるようになっていま

自転公転ミキサーの仕組み

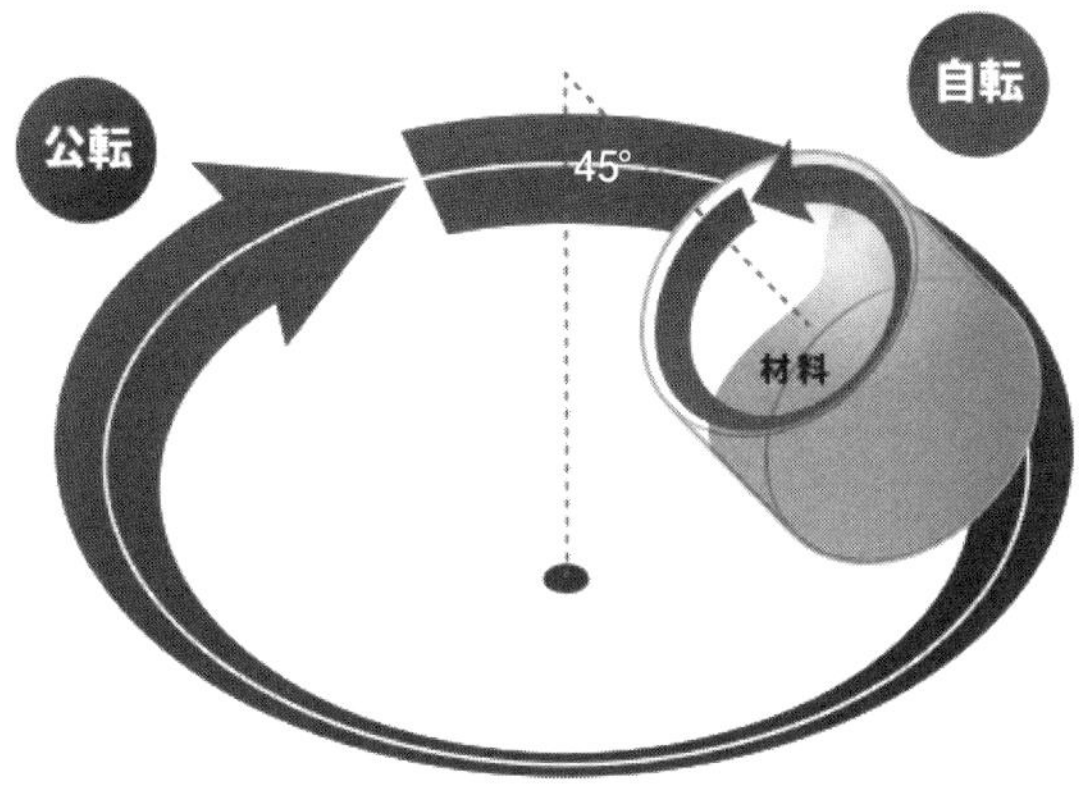

す。さらに、傾きをつけたことで、材料の動きが3次元（渦＋上下）になるので、ばらつきがなくなっています。

私の会社ではこのミキサーの開発を1987年から始め、翌年には歯科用アルギン酸ミキサーの開発に成功しています。以降、30年以上にわたり、業界の常識を次々と塗り替えてきました。たとえば

・歯科用アルギン酸や軟膏など……熟練のスタッフにしかできなかった材料の「手練り」業務を自動化し、品質を均一化、生産性を向上
・伝導性ペースト……半導体、電子部品、ゲーム機などの接点・電極
・絶縁性ペースト……電子部品の封止材、コーティング材
・シーラント材……液晶ガラス板接着剤とガラススペーサー
・LED発光体……白色発光用の蛍光体と樹脂

など、中にはこの技術がなければ実質的につくることができないような製品

「も少なくありません。そして、そのような企業や研究所の中には、この自転公転ミキサーをコア技術にしているところもあり、

「ウチがこのミキサーを使っていることは秘密にしてください」

と言われます。

こうして、この革新的な技術を用いたミキサーは、リリースから30年以上経った今でも業界トップシェアを維持することができており、NASAやボーイングなど、世界的な企業や研究機関で活用され続けています。

ミキサーの常識は、この製品の登場で大きく変わりました。しかし、製品の開発は簡単ではありませんでした。ここからは、このミキサーがどのように開発され、どのように広まり、どのように使われているか、ノンフィクションストーリーを紹介します。

非常識が常識に変わった日

1996年、春。東京・晴海の会場で行われたアジア最大級のエレクトロニクス製造・実装技術展であるインターネプコン展示会の、たった1コマの小さなブースでミキサーの常識は変わりました。

その日、私の会社は自社開発した自転・公転ミキサー「あわとり練太郎」をブースに用意していました。私は別の商談があり、どうしても現地に行くことができませんでしたが、朝から数名のスタッフが製品を並べ、ポスターを掲げ、大量のパンフレットを設置しました。準備が整い、いよいよ開場するというとき、スタッフたちは言いようのない緊張とともにそのときを待っていました。

9時になり、次々とフロアに人がやってきました。大きな会場はすぐに人でいっぱいになり、あちらこちらで商談や出展企業のパフォーマンスが始まりました。

「あわとり練太郎」という少し変わった商品名は周囲の人たちの関心を集めま

あわとり練太郎　ARE-310

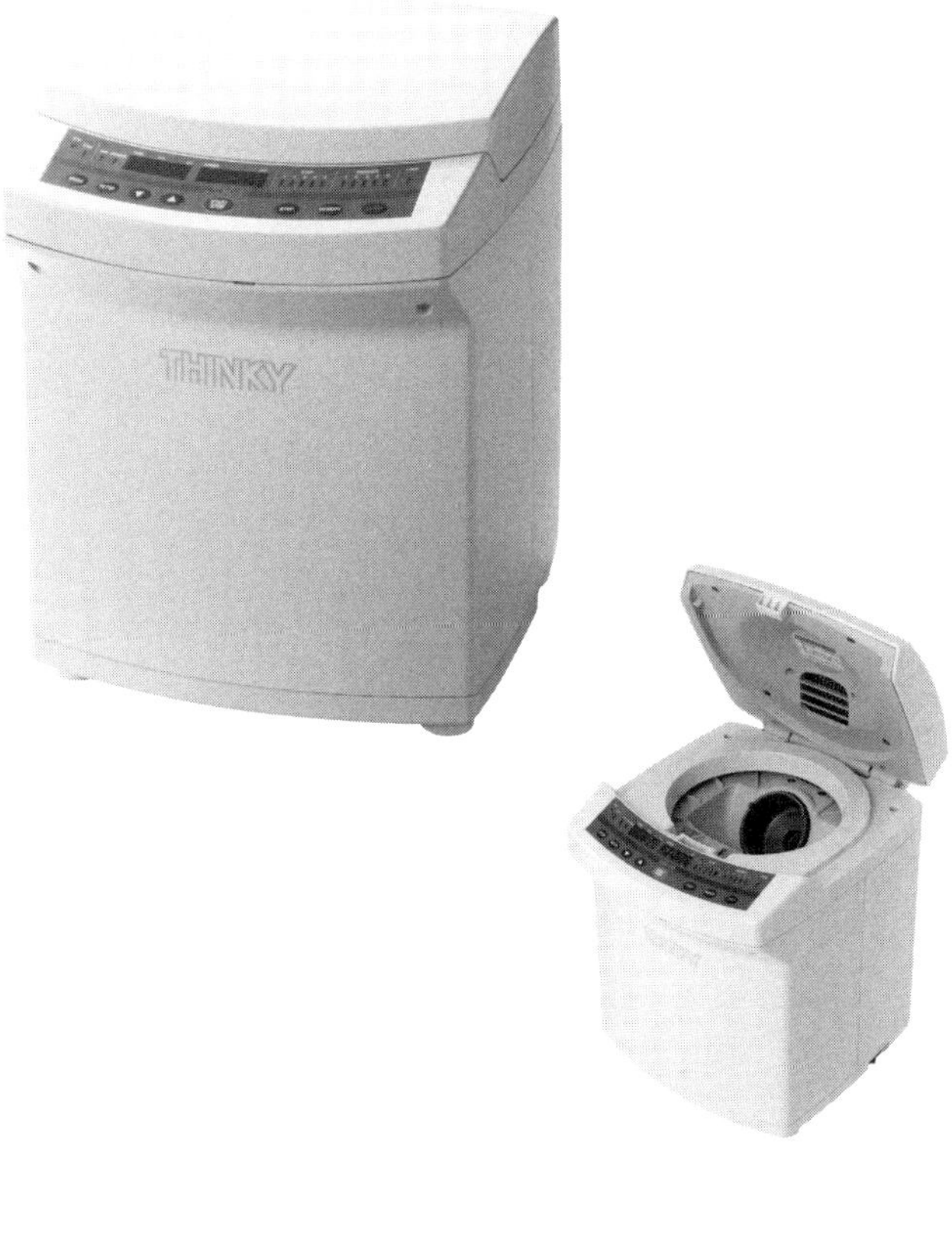

した。インパクトのある名前からか、面白がって話を聞きに来る人もいました。ちょっとしたおもしろ製品だと思った人もいたでしょう。

しかし、話を聞いた人はすぐに目の色を変えます。少しでも工業用ミキサーの用途や仕組みについて理解のある人だったら、このあわとり練太郎がいかに画期的であるかがわかるからです。

私の会社のブースには徐々に人が押し寄せるようになりました。人が集まっていることで「なんだ、なんだ」とまた人が集まってきます。そして、頃合いを見て、いよいよ実演を開始したのです。

実演ではアルギン酸と水を撹拌しました。するとそこかしこから「おお」と声が上がり、見事に泡一つなく撹拌が完了した際には拍手が起こっていました。このときまさに、皆の非常識が常識に変わったのです。

その後、さらに多くの人が製品について詳しく教えてほしいとブースにやってきました。その中には、有名な大企業の担当者の姿もありました。

結果的に、この日の展示会では30社の企業とご縁をいただくことになり、一気に私の会社の知名度は上がっていきました。
当時現場を仕切っていた営業部長は、当時を振り返り
「お客様からの質問攻めで、息つく間もないほどだった」
と話しています。

きっかけは歯科業界

そもそも、なぜ私の会社がミキサーに目をつけたのか。多くの人から尋ねられます。実際、新製品開発で脱・下請けを目指している中小企業にとって大きな問題は「どんな市場にどんな製品を投入するか」という部分ではないでしょうか。

このミキサーと出会った経緯は、私の会社でアルバイトとして働いていた元スタッフが発端です。そのスタッフは私の会社でのアルバイトを経て歯科用機器の商社に就職したのですが、その会社では歯科医師が入れ歯（義歯）の歯型

に使うピンク色の型材（印象材）がうまくつくれなくて困っているという相談を受けていました。

印象材は、アルギン酸という粉末状の材料を水に溶いてペースト状にしてから使うのですが、歯に押し当ててから2、3分で固まってしまうため、できるだけ素早く混ぜる必要がありました。

しかも、混ぜる際に気泡が残ってしまったら、うまく型がとれなくなってしまうため、素早く、かつ泡立てずに混ぜなければならないという、熟練のスキルが必要でした。歯科技師の間では「アルギン酸を練ることができて一人前」と言われるほどだったようです。

歯科材料の業界では、アルギン酸のほかにも繊細な処理をしなければならない材料が多く、たとえば入れ歯用の素材などもうまく練ることができなければ空気が入り、それがクラック（ひび割れ）につながってしまうことも問題となっていました。

このような状況だったので「練る」ことができるスタッフは大変重宝されて

いました。そうなると当然、現場では人員の確保が難しくなり、作業効率が落ちてしまいます。当時すでに「練り」の機械は存在していましたが、その精度は低く、熟練の手練り精度は担保できていませんでした。

そんな背景から、その会社ではなんとかうまくアルギン酸を練る機械がつくれないものか、と皆が頭を悩ませていたようです。そこに入社したのが、先の元アルバイトスタッフでした。紆余曲折はありましたが、結局それがきっかけとなり、自転・公転システム開発のお鉢が私の会社に回ってきたのです。

ゼロスタートの考え方

私の会社ではミキサーに着手する前は磁気ヘッドテスターを手掛けていました。1970～80年代のことです。磁気ヘッドとは、磁気ディスクや、磁気テープなどの記憶装置に、電気信号を磁気信号に変換させて記憶させる機構のことです。私の会社では当時、大手磁気ヘッドメーカー向けに製造されたカセットテープレコーダー用の磁気ヘッドの性能や特性を高速で検査・識別する自動検査機を開発・販売していました。

つまり、ミキサーは全くもって未知の領域だったということです。歯科業界では気泡が入らない撹拌機を長年求めていたのですが、どこも開発に成功していないらしく、どこかで早くつくってくれないかと困り果てていたようです。それでも歯科器材メーカーは開発に着手すらしていないようでした。なぜだろうと思ったのですが、少し考えたらその答えはわかりました。

「撹拌しながら脱泡する」

という動作は、原理的に相反する行為だからです。空気中で材料を撹拌することは空気を材料の中に取り込むことになる、ということは常識で考えればすぐにわかることなので、最初からできないと考えているらしいのです。

しかし私は、相談者からこの話を聞いたとき
「非常に難しいかもしれない。でも、これができたらどんなに面白いことになるだろう」

と強く興味を抱いたのです。私の会社の技術スタッフであればブレイクスルーができる気がして、どんどん「やってみたい」という気持ちが募っていきました。次の瞬間には

「やってみましょう」

と返事をしてしまっていました。

無我夢中になればできる

経営者がいくら熱くなっても、技術スタッフが同じように熱い気持ちになってくれなければ、空回りして大きな目的は達成できません。そこで私は技術スタッフを集めてこう言いました。

「歯科業界が撹拌をしながら泡も抜けるミキサーを一日千秋の思いで待っているけど、今のところどのメーカーも開発していないらしい。他社がやる気がないならうちがやるしかない」

スタッフたちは口をぽかんと開けていましたが、私は構わず続けました。

「ほかの会社では無理かもしれないけど、君たちだったらブレイクスルーができると思ったから『やります！』と言って引き受けてきました。簡単にできるとは思わないけど、君たちだったらやってくれると信じているから引き受けたんです。是非、やってください」

終始無言で私の話を聞いていた技術スタッフたちは互いに顔を見合っていました。シンとした空気がしばらく流れていましたが、そのうち一人が
「……まあ、やるしかないですね」

と口を開いたので、

「その通り！」

と私は大きく返事をしました。すると最初は心配そうにしていたスタッフたちの顔が、みるみるやる気に満ち溢れていくのがわかりました。こうして前代未聞のミキサー開発がスタートしたのです。

しかし、勢いよく開発をスタートさせたものの、撹拌しながら脱泡をすると

いうのは、先述の通り相反する行為であり、常識の範囲で考えるとほとんど不可能に思える内容であることに変わりはありません。どうすればこの大きすぎる問題が解決できるのか、最初は全く見当がつきませんでした。

ただ、今も昔も独自の製品づくりを強みとしてきた私の会社です。技術スタッフたちは「常識で考えれば不可能ではないか」という問題を何度も乗り越えてきています。ある日突然、誰かが「あ！　そうか、これだ！」と叫び声を上げ、解決してきた歴史があります。最終的には

「やればできる、何事も！」

の通りになることを皆が知っているのです。だからこそ、私の会社のスタッフたちは無我夢中で開発に取り掛かってくれるのです。自我が無くなるくらい夢中になっていると、不思議と頭がクリアになり、ひらめきを得ることができるようです。これがブレイクスルーの瞬間なのです。

挑戦を当たり前にする

このように、次々に新しいことに挑戦していると、だんだんそれが当たり前になってきます。従業員も、挑戦することが普通なことだと認識すると、抵抗を感じないし、まずはなにをしなければならないか、次は、その次は……と、どんどん手際が良くなっていきます。

たとえば今回の自転・公転ミキサーの開発にしても、スタッフはテキパキとやるべきことをやり始めます。私の会社が何度も新規事業に挑み、それを成功させてきた、という実績がノウハウとして蓄積されているため、なにも指示しなくても動いてくれるのです。

技術スタッフたちはまず、どこに問題があるのかを徹底的に洗い出しました。熟練技師の動きを機械に真似させる、という発想のロボットはすでにありましたが、手間やコストがかかる割に安定した精度を保つにはほど遠く、満足する結果は得られていないようでした。

どの部分で現場は満足していなかったのか。これは考えるまでもありません。結果が良くないのです。材料を混ぜ合わせるときに空気が入らないようにしたいのに、空気が入ってしまう。これだけです。本当は、ロボットに容器をセットする角度やそのほか諸々の条件がクリアされればうまく撹拌ができるようなのですが、そんな面倒なことにいちいち神経を使いながら、下手をすれば失敗するリスクも抱えながら使用するくらいなら人の手で練った方が良い、ということなのでしょう。

私の会社でも、最初は従来のやり方の延長線上にゴールがあるかもしれないと思い、プロペラ式のミキサーを試みていました。しかし、何度やっても手で練るよりも空気が入って泡だらけになるし、しかも、手入れも大変でした。これでは全く埒《らち》が明かないと思い、早々に断念しました。

方向転換

そこで、考え方を根本から変えることにしました。そんな折、スイスのミクロナ社というメーカーが自転・公転式の原型となるような機構を活用したミキサーを開発したらしい、という情報が入ってきました。調べてみると、画期的な機構ということで製品化はされているものの、精度はまだまだ甘く、当然日本での特許は取っていない状態でした。この機構をうまく利用することで、あらゆる問題が解決できると思いました。攪拌と同時に気泡が取れたら、まさに一石二鳥です。

考え方は決まりましたが、簡単に成功とはいかないものです。歯科素材には、のんびり練っていては素材が固まってしまい、使いものにならなくなるという性質があったのです。

そこで、攪拌完了までの目標タイムを30秒と決めて、開発に臨みました。一番の問題は遠心力によって生じる大きなG（グラビティ）です。脱泡には最低

200G程度の加速度が必要なのですが、これはスペースシャトルの打ち上げ時の約30倍にもなります。一般の遠心分離機は容器を固定しているため、ある程度のGに耐えられますが、自転・公転させる場合には強靭な駆動部分が必要となります。

早速、駆動機構を組み込んで試作機をつくったのですが、結果はさんざんでした。回転を始めたとたん、ガタガタと音がして壊れてしまうことはしょっちゅうで、うまく回り始めたと思ったら、遠心力に耐えられずに部品が飛び散ることもありました。一歩間違えば大けがにつながりそうな失敗も、日常茶飯事でした。

開発に取り掛かった当初は、私も含めどこか「駆動機構を組み込んで少し調整したらなんとかなる」と思っていたところがあったのですが、徐々に「とんでもなく精密な設計が必要なのではないか」ということに気づき始めます。

脱泡の重要性

精密撹拌において重要なことは、撹拌後に気泡を残さないことです。最先端の素材を使用した製品開発を行う場合、さまざまな特性をもった材料を混合（撹拌）する必要があります。素材の中には粘度が高いもの、低いもの、油分を含んでいるもの、いないもの、さらにすぐに処理をしないと硬化するものや、温度変化に敏感なものなど本当に多岐にわたっており、そのどれもが脱泡（気泡を抜く）をしなければ使いものになりません。

この撹拌後の材料に気泡が混入する問題は、これまで多くの研究者たちを悩ませていました。脱泡の方法は真空減圧や超音波、遠心分離などいくつかあるのですが、それぞれデメリットがあり、最適解は見つけられずにいたのです。

ざっと、次のような具合です。

【従来の脱泡のデメリット】

自然放置↓粘度が高いと気泡が取れない。時間がかかる
超音波　↓粘度が高いと気泡が取れない。
遠心分離↓気泡を分離するが破泡しにくい。材料が分離する
消泡剤　↓不必要な材料を入れたくない（成分変化の恐れがある）
真空減圧↓材料が容器から吹きこぼれる。必要な水分や溶剤が揮発する。粘度
　　　　　が高いと気泡が取れない

このように、あらゆる材料の脱泡を可能にすることは簡単ではありません。特に粘度が高い材料だと難しくなります。それゆえ、多くの企業では最初から諦めてしまい、開発に着手すらしていなかったのです。

それが、自転・公転ミキサーであれば、４００Ｇを超える遠心力を加えながら公転させ、材料自体を流動させながら自転させることで、粘度の高い材料の脱泡も可能にします。ここに真空減圧機能を加えたり、回転数を変えたりすることができれば、技術者の悩みを解決できるはずだと考えたのです。

非常識だと言われたらチャンス

自転・公転ミキサーを開発するまでは、私の会社ではデジタルメーターや磁気ヘッドテスターなどの設計ばかりでしたので、駆動系に関しては設計の知識もノウハウもない素人です。そんな私たちが、画期的な製品を開発しようとしていることは一般的に考えれば無謀に思われることかもしれません。

実際、失敗が相次いでいたので、私はいくつか大手の設計会社に依頼をし始めていました。なんとか担当者とのアポイントを取ることができました。しかし構想を話し始めると、担当者はすぐに表情を変えていきます。険しい顔だったり、鼻で笑うような顔だったり、呆れ顔だったり、反応はさまざまでしたが、ワクワクして話を聞いてくれる人はいませんでした。

ほとんどの人に言われるのは「前例がない」とか「非常識」とか「この業界を知らないいんですね」とか、そんなことばかりでした。

帰り際「応援していますよ」と言われることもあったのですが、私の会社の社員は、そのたびに唇を噛み締めながら帰社していました。後日その話を聞いた私は、彼らに対して「それは、チャンスだね」と言いました。

その道のプロが「非常識だ」と思っているということは、チャレンジしている人は少ないはず。開発に着手しなかった企業も同様に専門家から「無理だ」と言われて諦めていたに違いありません。ということは、その先はブルー・オーシャンである可能性が高いのです。多くの人が成功して、すでに轍がある道などは、通ったところで所詮行き着く先はすでに開拓されつくした市場でしかないのです。

パイオニア的思考の基本ですが、新雪を選んで歩く、轍は自分たちでつくる、という考えが私にはあります。まだ誰も成し遂げていない、非常識なことだとわかれば、それはチャンスなのだから、自信を持って引き続き開発にあたってほしいと伝えたのです。

設計会社が対応できないのであれば、設計はやはり自分たちでするしかない。それも私にとっては自然な考え方なのです。

自分で経験することがなにより財産

私は昔から好奇心が旺盛で、気になったことはなんでも自分で試し、自分の目で結果を確かめなければ納得できない性格です。

詳しくは後述しますが、たとえば、高校時代、池にいる魚を効率よく捕まえたいと思った私は、どうすれば釣り竿で一匹ずつ魚を釣るよりも早く、たくさん魚が捕れるのか考えました。撒き餌がいいのか、特殊な網がいいのか、池の水をどうにか抜いてしまうことはできないか、など、さまざまな文献を漁りながら探っていました。その結果、電極を用いる方法を思いついたのです。

早速家に転がっていたラジオを解体し、金属製のパイプを二本拾ってきて電極をつくりました。完成した装置を自転車に積んで池に持って行き、準備を始めます。

こうした実験をするときには、いつも弟を連れて行っていたのですが、弟はワクワクと不思議が同居しているような表情で私が準備している姿を見ていました。

装置のセッティングを終え、電極を二本池に突っ込んだら準備完了です。スイッチを入れて電流を流すと、魚はすぐに水面に腹を見せ、プカプカと浮かんできたのです。

実験は成功し、その日は魚だらけの食卓になったのをよく覚えています。これは、今から60年以上も前の話なので、現代ではあらゆる意味で真似できないことだと思うのですが、当時から私はそんなふうに自分でなんでも試したくなる人間でした。こうした小さな成功体験の積み重ねが、困難を突破する自信とモチベーションになるのだと思います。

私は、私の会社の社員に対して、気になったことにはなんでもチャレンジしてほしいと思っています。それが成功しても、失敗しても、大きな財産になることを知っているからです。どんなに小さなことでも構いません。大切なのは「自分自身で考え、行動し、経験すること」なのです。

話がそれてしまいましたが、そんなわけで、自転・公転ミキサーの開発も、きっとできると信じていました。そしてこの挑戦がスタッフたちを大きく成長させてくれることも確信していました。

モチベーションを維持してもらう

社員をやる気にさせる方法に正解はないのかもしれません。私は「君たちならできると信じている」と発破をかけることで社員たちのやる気スイッチをONにしたのですが、実はそれだけではモチベーションの維持は難しかったりします。

特にマニュアル通り、手取り足取り成功の方法を教えられて育った人にとっては、なかなか理解できないことなのでしょう。もしかしたら

「なんで失敗する可能性が高いことをわざわざやらなくちゃならないんだ」

「失敗したら時間が無駄になる」

「そんなリスクがあることに自分の時間を使いたくない」

と考えたりするかもしれません。確かに、成功の保証がない挑戦を、しかも通常の仕事とは別にお願いするわけですから、理解を得るのは簡単なことではありません。ただ単に、命令をしたり、ノルマを与えたりして強制的に働かせるという選択肢もあるのかもしれませんが、そんなことで将来ある貴重な若手社員に簡単に会社を辞められてしまっては、なんのための会社経営かわかりません。

だからといって、

「その挑戦によって会社が利益を得て、それがあなたの収入に反映する」

など、なぜ頑張らなければならないか、という理屈をこんこんと説明したところで、主体的に行動し続けるための理由にはならない場合もあります。

私は社員が一番主体的に働ける環境とは、社員たち自身が「楽しそう」だと感じることだと思っています。たとえば、学園祭などの準備期間は、放課後に学生たち自らが、自分たちのクラスの飾り付けを考えて手分けしてつくったり、催しものの練習をしたりしています。それを行ったところで対価がもらえるわけでもないのに、自分たちでなにかを成し遂げたい、というとても曖昧な目標のために頑張っているのです。そして、周囲が皆いきいきと準備をしていたりすると、周りで見ていただけの人がどんどん輪の中に入ってくるのです。そうして気がつけば大きなエネルギーを生み出している。これが理想的な空気感です。

ただ、周囲が楽しそうに働いている様子に溶け込めず、疎外感を感じたりする人も一定数はいるものです。どんなやり方でも全員が主体的に働くことは難しいかもしれません。ただ、そういう人たちを排除したり、無理やり輪の中に引き込んだりすることは効果的とは言えません。

組織に属している以上、社員は与えられた役割（仕事）をこなし、一定の成果を出さなければなりませんが、どのような方法で実践するかはひとくくりにできないのです。まして、若者世代の働き方には私の世代の人間にはなかなか理解しづらい点があることも事実です。

それゆえ私は、社員が挑戦しやすい空気をつくり出し、その結果失敗してもそれについて私があれこれ言わないことに気をつけています。そのかわり、成功したらそれが小さな功績であっても評価するようにしています。社員一人ひとりに「自由に挑戦できる会社」と意識してもらうことが大切だと思っているからです。

試行錯誤

結果として、自転・公転ミキサーの開発を始めてからおおまかな機構の仕組みにたどり着くまでに約1年かかりました。試作機をつくって、派手に失敗をしての繰り返しでした。そのたびにミーティングを開き、どの部分で間違えたのか、どうすればもっと効率良くできるのかを考えました。

そうして大まかな機構の仕組みがなんとか形になったら、さらに2年かけて次は容器側の傾斜角度と回転を伝えるジョイント部分を解決して、攪拌と脱泡の同時処理で評価可能な試作機をつくりました。歩みは遅いかもしれませんが、専門家たちが皆そろって「不可能だ」と言っていたゴールに少しずつでも近づいている実感はありました。

試作機ができて、ゴールは目の前だと思いました。ところが、試作機は数十分の運転は問題ありませんでしたが、2時間、3時間と動かすと回転部から煙が上がって、壊れてしまいました。原因はジョイント部分の摩擦でした。軸受けに塗られている油膜が強力な遠心力で飛散してしまうのです。分解してみると、まるでキレイに洗ったみたいにカラカラになっていました。

この問題を解決するべく、お椀にベアリングを入れて油で密封するような構造をつくるなど、また試行錯誤の日々が始まりました。結局、初代「あわとり練太郎」はジョイントを使わず、Vベルトを採用することにしました。

そうして完璧に近い試作機ができ、エポキシ樹脂と硬化剤の攪拌を行いました。攪拌が終わり、祈る気持ちで容器を開けました。

その瞬間、「あっ、どこかにこぼれてしまった」と錯覚したほど、攪拌されたエポキシ樹脂は気泡がなく透明で、容器の底が完全に透けて見えていました。

試験は大成功でした。私たちはようやく、追い求めていた結果を得ることができたのです。

後で開発チームスタッフに話を聞くと

「もちろん嬉しい気持ちもありましたが、やっと形にすることができた、とホッとした気持ちの方が強かったです。何度も『もうダメかも』と思っていたのですが、会社もチームも投げ出さなくて良かったと心から思えた瞬間でした」

と当時を振り返ります。それほど、困難を極めた開発だったのです。今から30年も前の話ですが、いまだに私の会社で語り草になっています。当時を知るスタッフたちはその後どんな困難があっても

「あのときに比べれば楽ですよ」

と成功が経験値としてしっかりと残っているようです。こうした社員の成長は、仮に製品が全く売れなかったとしても、無駄にならないものです。お金には代えられない会社の財産です。

あわとり練太郎

こうしてなんとか製品化にこぎつけた自転・公転ミキサーでしたが、製品ができたら今度はそれをどうやって広めていくか、という部分が大きな問題になってきます。

特にネーミングには力を入れました。まず私は開発を頑張ってくれたスタッフたちから製品名を募集しました。あれだけ必死に、熱意を持って開発してくれたのですから、愛着もあり、セールスポイントをうまく表現した名前を考え出してくれると思っていたからです。

そして集まった製品名に目を通していったのですが、どうもピンときませんでした。よくわからない数値の羅列や、カタカナの名前だったり、英語だったり、と回りくどいものが多かったのです。あるスタッフに名前をつけた理由を尋ねると

「なんとなくカッコ良さそうだったから」

と回答されたことがありました。なんとなく、ということはつまりその人にとって「ピンときた」と言い換えることもできるので、その発想自体を否定するつもりはありませんが、それでは、同じ価値観を持った人にしか共感されないし、せっかくの製品の魅力も伝えられていない、と思いました。

なにか、皆が納得して、収まりの良い名前があるはずだ、と思いました。昔から雑誌に載せる商品のキャッチコピーなどを考えてきた私としては、人に覚えてもらうためには「なるべく短く、わかりやすく、キャッチーなコピー」が必須だということを知っていました。

結局、製品名については私が一晩預かって考えることになりました。その日、家に帰ってから再度製品に向き合いました。製品のセールスポイントは言うまでもなく「脱泡しながら撹拌できる」という点です。これをわかりやすく、名前にすることを考えたときに私は「脱泡する＝泡を取る」「撹拌する＝練る」と置き換えました。

泡……取る……練る……

この要素は確実に入るとして、それだけではどこか名前らしくない。そこで、日本人の名前で親近感を持ってもらうために「太郎」をつけたらどうだろうと考えました。これらの要素を組み合わせることで「あわとり練太郎」の名前にたどり着いたのです。

翌日、その名前をみんなに発表したら、反対意見はなく、決定に至りました。社長のアイデアだから否定しにくい、というのも少なからずあったかもしれませんが、結果的にこのネーミングは覚えやすく、わかりやすいということで、多くの人に愛されることになりました。

クレームは期待の証拠

展示会に出展し、実演をすれば多くの来場者が目を丸くし、企業から多くの引き合いを得た自転・公転ミキサーの「あわとり練太郎」。本格的な製品化を発表すると、発売を心待ちにしていたという、いくつかの企業から早速注文が入りました。

意気揚々と製品をお届けしたのですが、数日経つと、ポッポッと電話が入り始めました。内容はだいたい同じで「動かなくなった」「変な音がしてうまく撹拌できなくなった」という、いわゆるクレームでした。

製品が売れて喜ぶ間もなく、今度はお客様からのクレーム対応の日々が待っていたのです。スタッフが現場へ急行すると、そこには眉間にシワを寄せた担当者が待っていました。話を聞いてみると
「うちで使っている材料を入れたんだけど、全然撹拌できない」

「スイッチを入れただけなのに、すぐに壊れてしまった、どうしてくれるんだ」

とのこと。私の会社の社員はその様子をひと目見て、単に説明書に書いてある規格外の材料を入れたからだろう、ということがわかったらしいのですが
「持ち帰って詳しく調べます」

といって代わりの製品を置いて戻ってきました。原因はわかりきっているの

ですが、チームは全員で設計を見直します。このようなケースに対して「説明書通りに使っていないからです。私たちに非はありません」と言って突っぱねるのは簡単です。しかし、その意見の中にこそニーズはあるのです。これを改善しないなんてことは考えられません。当時、似たようなクレームの電話は毎日かかってきましたが、私にとってはそれらすべてが「こうしたらもっと製品が良くなるよ」というありがたいアドバイスでした。

ある製造業の経営者からは

「お宅のミキサー、評判が良いから導入してみたんだけど、月に1回は必ず壊れるんだ。これじゃあ仕事にならない、どうしてくれるんだ」

とお怒りの電話がありました。あまりの剣幕に、電話を受けたスタッフは平謝りをするしかなかったそうです。そして、20分くらい製品に対するダメ出しをされて、ようやく落ち着かれたそうです。スタッフは内心

（ようやく収まってくれた……ここまでお怒りなら、製品を引き上げることになるんだろうな）

と思っていたそうです。そして、スタッフが話を締めようと
「この度は誠に申し訳ありませんでした、今後については……」
と切り出すと、電話口から思わぬ言葉がかけられました。
「いや、そうじゃなくて。月に1回壊れていたら仕事にならないから、壊れているとき用にもう一台ほしいんだ」
クレーム返品の内容かと思っていたら、実は追加注文のお電話だったのです。スタッフは受話器を持ったまま、しばらく呆気に取られていたようです。気を取り直して詳しく話を聞いてみると、どうやらこれまで手で撹拌作業をしていたときより時間が圧倒的に短縮できて、社員の負担（手撹拌はとにかく手が疲れるし、失敗ができないプレッシャーを伴う）がなくなって大好評とのことでした。電話の最後には
「もうお宅のミキサーじゃないと仕事ができないから、これからも頼むよ」
と激励の言葉までいただきました。この出来事からお客様のクレームは期待されている証拠なのだということを痛感しました。

代わりのきかない価値がつくれるか

あわとり練太郎が発売されてから今に至るまで「代わるものがない」ということで、多くのお客様にご愛顧いただきました。開発当初に取得した特許は期限が切れ、そのタイミングで新規参入企業が類似品を発売しました。その結果、市場にはたくさんの類似品が溢れるようになりましたが、おかげさまでこの業界では今も私の会社がシェアトップを維持しています。

これまで何度も業種転換をしてきましたが、私たちが製品化した後には必ず国内、海外問わず類似品が登場し、そこから開発競争が始まります。それはビジネスの世界では自然なことですし、私としては、それだけ私たちが目をつけた市場に価値を感じる人がいるということなので、自分の選球眼が確かな証拠だ、とちょっとした自信にもなります。

ちなみに、あわとり練太郎に関して言えば、他社がつくるミキサーの商品名もどことなくあわとり練太郎に似ていたり、覚えやすさ重視のダジャレっぽい名前だったりするものばかりでした。私の会社の新製品だと思って買ってもらおうと思っているのか、と思うほどネーミングの発想まで真似されているようです。

だからこそ、油断は禁物です。一番乗りで市場に商品をアウトプットしたからといって、それで満足をしていては後乗りの企業に足元をすくわれてしまいかねないからです。ゆえに、ライバル製品が出てくるまでのアドバンテージを最大限活用し、ノウハウや信頼の蓄積をする必要がありました。

代わりのきかない価値は製品だけに限った話ではありません。最終的にはそこで働く人なのです。製品がどれだけ優れていようと、それを扱っている現場の人間が、ユーザーの声に耳を傾けず、進化しようとしなければ、必ずほかの企業に出し抜かれてしまいます。反対に、競争相手がいないときから、ユーザーの声に真摯に応え、信頼関係をしっかりと築くことができていれば、新規参入企業の類似品が出てきたとしても、慌てることなく対処できます。

私の会社が今なおシェアトップを維持できているのは、このような部分に価値を感じていただいているからだと思っています。また、社員一人ひとりが、自分の会社の製品に誇りと愛着を持って向き合っているからこそだと思っているので、私は彼らをとても誇らしく感じています。

経営者にはなにができるか

自転・公転ミキサー「あわとり練太郎」の販売開始から数年が経過した頃。クレームを受けて改良を繰り返す、というサイクルは相変わらずでしたが、だからといって返品の山になっているわけでもなく、製品に対する評価はずっと高いままでした。ただ、評判の割に販売台数は伸びていませんでした。

社内では

「もっと展示会に出展した方がいい」

「価格が高すぎるのではないか」

「もっと広告費をかけた方がいいのでは」

など、連日意見交換をしていました。

なにせ、商品はこれまで世の中になかったタイプの製品です。どんな市場に、どのような広告を打てば響くのかを比較する〝前例〟がないため、誰にも答えがわからないのです。

思えば、これまでチャレンジしてきた製品は、ある程度用途が限られていたので、売り先も絞ることができました。たとえば、パチンコ玉のデジタル計数器の売り先はパチンコホールでしたし、磁気ヘッドテスターならオーディオ用磁気ヘッドメーカーが売り先でした。

しかし、この自転・公転ミキサーは、用途の幅がとても広いのです。今でこそ、製造業をはじめ航空機、精密機器、医療、材料研究用など多くの業界からその利用価値の高さを認められていますが、当時は問い合わせを受けるたびに

「そんなことに使えるなんて！」

と私たちはいつも驚いていたほどです。そのため発売後しばらくは、当てずっぽうの広告をひたすらに打ちまくっていたのです。

そんな状況が続いたため、私は

「自分にはなにができるのか」

を以前よりも深く考えるようになりました。

私にできない技術や現場のサポートに関しては彼らに任せよう。では、私にできることは――。その結果、たどり着いたのが「営業」でした。

私は、経営者になる前は生命保険のセールスマンをしていました。中学生のときに、経営者になると決意し、その勉強のために22歳で営業職に就いていたのです。そのときに、商品の売り込みや商談のコツなどを掴みました。また、実際に自分の目でお客様の反応を見ることもできると思い、単独で日本全国営業行脚をしようと決意したのです。

北海道から九州まで

とはいえ、日々さまざまな社長業が山積している私にとって、営業活動の時間を捻出するのは簡単なことではありません。

そこで、私は期間を1年間、1回の営業は1〜2週間と決め、エリアを定めて集中的に企業訪問をしようと計画しました。

方法はシンプルです。バンに製品と地図、そして私が乗り込めば準備完了です。

私が営業することは一部の社員にしか伝えませんでした。社長自らが全国を走り回ることが社員にとって大きなプレッシャーになると思ったからです。

協力を仰いだ一部の社員には、私が通るルートを伝え、その経路上にある会社に片っ端から電話でアポイントを取ってもらいました。

「自転・公転ミキサーの製造・販売を手掛けています、今、社長がそちらの近くを営業で回っていまして、一度ご挨拶に……」

私の会社の社員から、こんな電話が突然かかってくるのです。電話を受けた企業の受付さんは、なんのことかと思ったでしょう。それでも
「見てもらいたいものがある」

「すでに向かっている」

と、ほとんど勢い任せにプッシュしたことで、意外と担当者や社長につないでもらうことができました。

私はアポイントが取れたという連絡を受けたら、その企業に訪問します。実際に面会した人の多くが
「いや、驚いた。いたずら電話かと思いましたよ」

「面白い人だと思ったから、会ってみようと思ったんだ」

「なにか製品を持ってくると伺ったのですが、何屋さんですか？」

と、反応はさまざまでした。

しかし、会ってもらうことができれば、こっちのものだという思いがありました。製品の魅力を知ってもらうことができれば、きっと気に入ってもらえるという自信があったからです。

私は挨拶もそこそこに、まずは実演するから見てください、と準備を始めます。面会してくれた人は「なにが始まるんだ？」という目で私が準備している

様子を見ています。そして、私が実演を始め、見事素材の撹拌が完了すると、すべての会社であの展示会で見られたような新鮮な驚きの声を上げてもらえました。そのたびに、私は少し誇らしい気持ちになり、製品に対する自信が積み上がっていきました。

そんなことを地方で1、2週間繰り返し、東京に戻り業務をこなし、また期間とエリアを定めてバンに乗り込む……。1年間はこれをひたすら繰り返しました。結局、北は北海道から、南は九州まで、全国150以上の会社を訪問しました。

結果的に、この営業では期待していたほど製品は売れませんでした。とても効率的とは言えませんが、収穫はありました。それは、私自身が製品の価値を正しく知ることができたこと、このミキサーが必要とされている市場があるのだと確信できたことです。

最初はこっそり行うつもりだった活動も、1年間も続けば

「社長がなにやら全国を回って製品を売り歩いているらしい」

営業日記

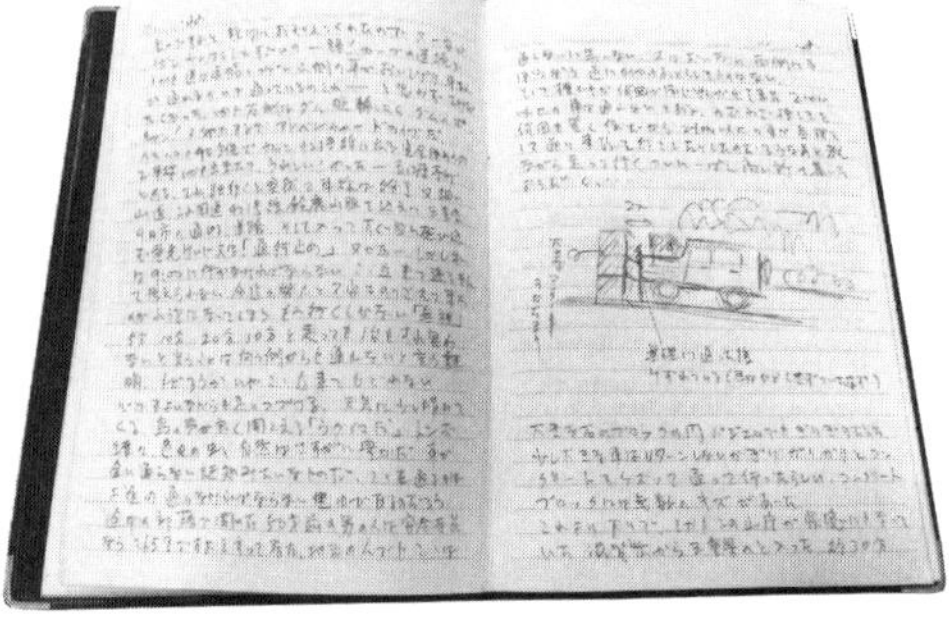

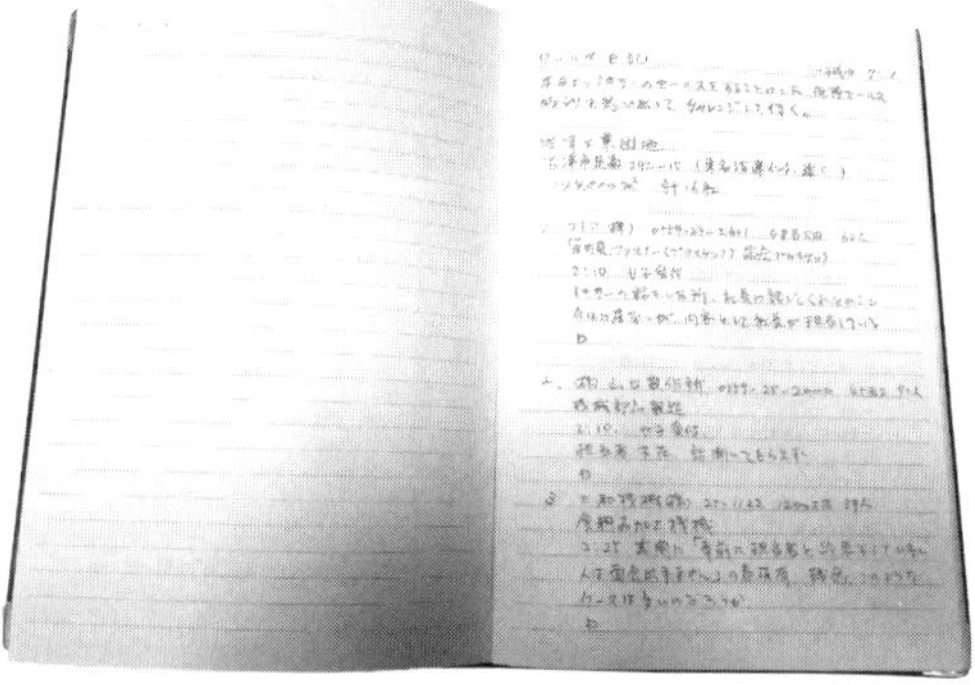

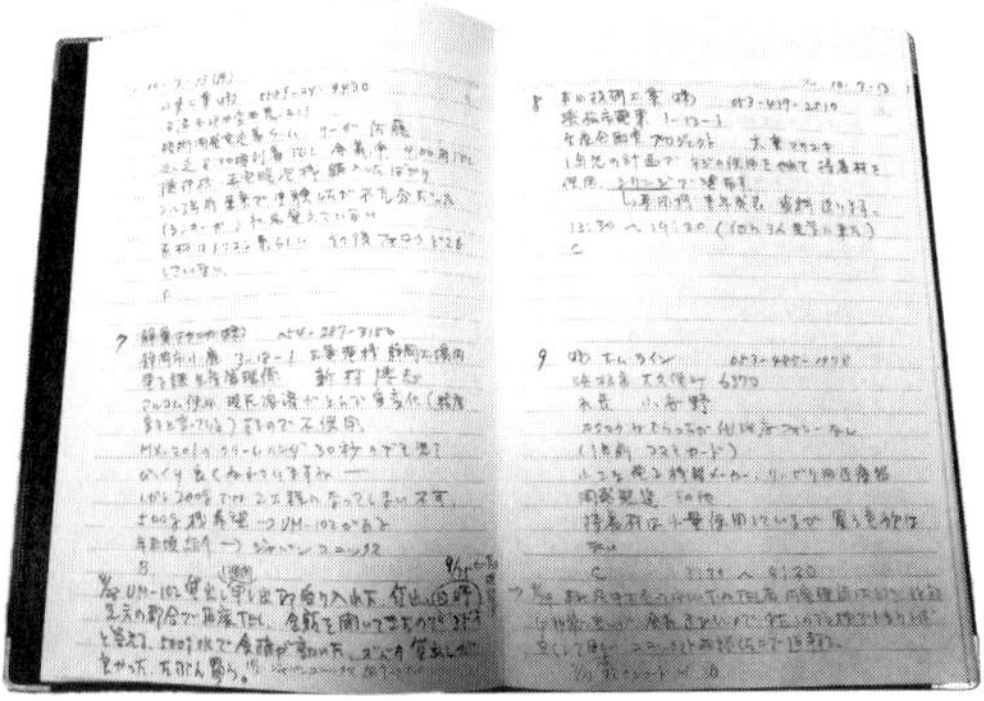

という話が社員に広まっていました。私はそれに対してなにかを言ったりはしませんでしたが、社員たちから見れば、社長が一番大変な役割を率先して引き受けているのだから、自分たちも気を引き締めなければ、と思ってくれたようです。私としては、私にとって得意なこと、できることをやっただけなのですが、その行動がうまくプラスに働いてくれました。

海外の販路を見出す

営業活動は国内だけでなく、海外へも早い段階から広げていました。これまでの製品もグローバル展開をしていた経験があったので、商社との付き合いがあったほか、海外への販路の広げ方についてのノウハウは持っていました。しかし、市場はそれまでのものと全く違うので、新たな販路をつくる必要がありました。

1996年、はじめてあわとり練太郎を海外へ展開したとき、まずネーミングで頭を悩ませました。国内であれば「あわとり？　練太郎？　変わった名前だな」と興味関心を引くきっかけになり得るのですが、海外で同じ名前で販売したとしても、まず理解はされないでしょうし、そもそもミキサーであるかどうかもわからないはずだと考えました。そこで、海外で勝負するときは「THINKY MIXER（シンキーミキサー）」というシンプルな名称で売り出すことにしました。

海外への展開は中国、韓国、台湾を中心に、シンガポール、マレーシアなどを含めた東南アジアからアメリカ、イギリス、フランス、イタリアといった欧米まで世界56カ国に広がりました。

しかし、海外でのたたかいも国内同様、簡単ではありません。開発から少し時間が経っていたこともあってか、海外ではすでにあわとり練太郎によく似た自転・公転式ミキサーが存在していました。

ライバル製品はドイツ製で、すでに多くの国の企業や研究機関で使用されていました。そんな状況からどうやってその市場に入っていって、シェアを勝ち取っていくのか、それが課題です。

ライバル製品の性能や形状を観察し、シンキーミキサーとの違いを研究しました。すると、性能や品質には大きな差はないことがわかりました。価格帯は少しシンキーミキサーの方が安いくらいで、ここにも大きな差はありません。ただ、決定的な違いが1つあったのです。それが、製品の形状、つまり大きさです。

ドイツ製のライバル製品はドイツ車同様とても重厚なつくりで、サイズもシンキーミキサーとくらべて一回り以上大きかったのです。「ここだ」と思いました。シンキーミキサーには形状も含めさまざまなタイプがありますが、一般的なサイズ（ARE-310）であれば高さ390㎜、幅300㎜、奥行き340㎜ほどです。なぜこのサイズ感が売りになるかというと、コンパクトであれば狭いスペースしかなくても導入しやすいからです。

そしてもう一点、利用者のニーズで多い真空状態での撹拌がしやすいことが売りになりました。ドイツ製のものでも真空状態の撹拌は可能なのですが、そちらは外付けのアタッチメントを用意しなければなりません。するとサイズはさらに大きくなります。一方、私の会社の真空撹拌ができる製品（ARV－310）は高さ450㎜、幅555㎜、奥行き645㎜です。

NASAからの引き合い

海外の市場でたたかうシンキーミキサーは、扱いやすいスマートなサイズと使い勝手の良さなどの強みを活かし、徐々に各国で受け入れられるようになりました。代理店の数も順調に増え、各国の中小企業のほか、大学や世界的な公的機関まで、幅広い場所でシンキーミキサーは活躍するようになりました。

たとえばNASA（アメリカ航空宇宙局）では、ジェット燃料の研究所で使用されました。宇宙航空産業の中心、世界中の技術の粋が集まる場所で活用されている事実は、シンキーミキサーの大きな宣伝文句となりました。現場の担当者としてはNASAと直接関わりがあるわけではないので、あくまでも一ク

あわとり練太郎の寸法

ARE-310

ARV-310

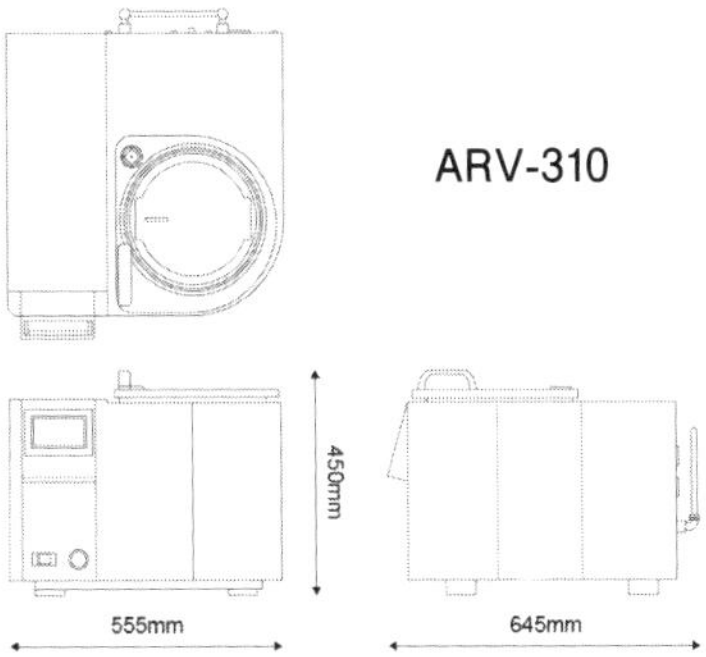

ライアントという認識のようですが、それでも

「NASAの技術にも採用されている」

というコピーは、あらゆる数値を取り上げて性能を説明するよりも雄弁に製品の魅力を印象づけることができます。ただし、問題もありました。

「具体的には、NASAでどんな風に使われているのですか」

と商談相手に聞かれた場合、うまく返答ができないのです。なぜかというと、NASAをはじめ、特に欧米諸国の研究機関のセキュリティは盤石で、機密事項につながりそうな情報は一切知ることができないのです。たとえそれが、製品を納めているメーカーであっても、です。NASAの場合、たとえば定期メンテナンスなどはすべてNASA専属のエンジニアが行います。もちろん、エンジニアたちのレベルは世界最高峰。当然のようにメンテナンスも、修理もできてしまうのです。

NASAとのお付き合いは10年以上になりますが、一度だけ、ある製品の搬入の際に私の会社のスタッフがNASAに立ち入ったことがありました。もち

ろん、一般企業のように守衛さんがいる管理人室のようなところで会社名と名前と目的を記入したら入れるわけではありません。ちょっと搬入のために施設内に立ち入るために、山ほど機密保持の誓約書にサインし、立ち入るエリアごとにさまざまな書類があり、そこにもサインし……と、手続きだけで1ヶ月ほどを要しました。確かにNASAと聞けば、見たこともない最先端の設備がずらりと並んだSF映画のセットのようなものをイメージして、一度見てみたいと思うものですが、正直、これほど手間のかかることをして、ほんの一部のエリアにしか立ち入りを許されないということであれば割に合わないと思いました。やはり映画は映画なのだと、はっきり理解しました。

第2章

シェアトップ商品は圧倒的な「直感力」から生まれた

直感に従った判断

刃のないミキサーをつくったことで、ニッチながら私の会社は業界内で徐々に知名度を上げていきました。同時に、「そんなユニークな製品を手掛けた会社の経営者」として私自身にも注目が集まるようになりました。

「ヒット商品ができてラッキーですね」

などという声を聞くこともありますが、これは少し違います。私にとって新しい常識（＝ヒット商品）をつくりだすことは、特別なことではありません。私はこれまで少なくとも5回の業種転換をしていますが、そのすべてで結果を残してきています。

これは別に「結果を残したからすごいだろう」と言いたいわけではありません。私が成功できたのは、当たり前を当たり前として受け入れることなく、常に「もっとこうすれば良くなるはず」「どうやったらもっと良くなるのだろう」と常に自分の脳と相談しながら行動してきたからです。その結果、なにをすべきか、をはっきりと直感するわけですが、これは私が幼少期から続けているクセや習慣のようなものです。特技や自慢とは違い、心がけや意識で誰でも実践することができるはずです。そこで、ここからは、私が幼少期から実践してきた「脳への質問」と「直感」について説明します。

脳への質問の正体

自分の脳に質問したり、相談したりすることは、その習慣がない人にとっては少し難しく、理解しにくい話かもしれません。私も、きっかけとなる経験をしていなければ、この習慣について考えることもなかったかもしれません。

私にとっての経験とは、子どもの頃に受けたいじめでした。

中学生になったばかりの頃、私は些細なことがきっかけで同級生からいじめられていました。すごく辛かったことを今でも覚えています。また、いじめられても我慢することしかできない自分を、弱い人間だと思っていました。

しかしある日、とうとう我慢が限界に達しました。私は拳を握りしめ、いじめの首謀者を思いっきりぶん殴りました。すると、いつもはヘラヘラ笑いながら私をいじめていた首謀者は、私に殴られ、黙ってうつむいてしまいました。そして、それまで首謀者と一緒になって私をいじめていた人たちもぽかんと口を開けていたのです。

その日を境に、いじめはピタリとなくなりました。私はこの経験で

「自分は弱い人間ではない。自分には、自分が想像している以上のパワーがある」

と感じることができました。不思議ですが、その後は自分が思ったこと、叶えたいことを肯定的に考え、実行することで、ほとんどのことが思ったとおりの結末を迎えました。最初はそれでも半信半疑の部分があったのですが、それは後述する多くの結果によって確信へと変わりました。

コツとしては「自分は弱い、自分にはできない」ではなく「自分は強い、自分にはできる」と発想をポジティブにし、実行する、これだけです。普通のこ

とだと思われるかもしれませんが、これはとても重要です。そのうえで、「では、どうしたらできるのだろう」と自分の脳への問いかけを続けることで、脳から正しい答えが返ってくるようになる。このサイクルが「脳への質問」だと言えます。

「NO」と言われることもある

とはいえ、この話をすると

「結局自分のさじ加減でどうとでも操作できるのでは。朝食をパンにするかご飯にするかは、毎朝、誰でも考えて決めている。パンが食べたいときは、脳に質問してもパンと答えるだろう」

と意見されることも少なくありません。しかし、脳への質問はそういうものとは少し違います。具体的な違いを説明するのは少し難しいのですが、簡単に説明すると「脳は必ずしも自分が望む答えをくれるとは限らない」ということでしょうか。

先の例で言うと、自分はパンを食べたいと思って脳に質問しても、脳にＮＯと言われることもあるということです。

脳への質問を繰り返し行い、深く考え続けると、脳は客観的な視点から、ベストな回答をくれるようになります。なぜ「良い答え」が得られるかというと、質問する際の発想がポジティブであることが前提にあるからです。

では、ＮＯと言われるときはどんなときでしょうか。それは「その選択をしたら、後はどうしても良くない結果になる」と判断されたときです。わかりにくいと思うので、実際に私がＮＯと言われた事例を紹介します。

ある年、私の家族は沖縄旅行をすることになっていました。ところが出発の数日前になり、直感的に「旅行中に事故に遭う」と知りました。何度脳へ質問しても、脳は「行かない方が良い」と答えます。ただ、飛行機やホテルはすでにキャンセル不可であったこと、事故に遭うとしても飛行機ではないことはわかっていたので、レンタカーの運転中や散策しているときに注意をしていれば大丈夫だろうと思い、決行しました。すると、見事にレンタカーを運転中に別のクルマに追突されてしまいました。幸い、大事には至りませんでしたが、私は「やっぱり」という気持ちになりました。

また別の年には、北海道をクルマで一周するという家族旅行を計画しましたが、このときも脳から「ＮＯ」が言い渡されました。前回の沖縄の件があったので、今回は迷わず予定を変更し、北海道ではなく、山陰と山陽をぐるっと一周するコースとしました。このときは事故に遭いませんでした。ちなみに、同時期に北海道でなにかしらの事故があったかどうかはわかりません。

このエピソードを読んで、あなたはどう思うでしょうか。沖縄で事故に遭ったのは偶然で、仮に北海道を一周していたとしても、きっとなにも起こらなかった。と思うでしょうか。私にとっては、前者は避けられたかもしれない事故であり、後者はコースを変えたから回避できた事故だと確信しています。

私はほかにも数多くの「予知」と呼ばれる経験をしているのですが、それらは証明しようのないことだとわかっていますし、「信じられない」という人がいても全く不思議には思いません。

ただ、私にとってはすべて事実なので「これを喋ったら変な人だと思われる」と他人の批判や否定を恐れてひた隠しにするつもりはありません。私は「異端の経営者」だという自覚もあります。ただ、信じるものの範囲が違ったり、見えているものが多くの人と違ったりする、ということなのだと思っています。

人は見たいように見て信じたいように信じる

たとえばテレビで、生まれてはじめて納豆を見た外国人が「日本人はこんなに気持ち悪いものを食べている、信じられない」と言っているのを見たことがあります。

これは、納豆の独特の形状と匂いから、その人の人生にとって身近なものではなかったから、拒絶反応を起こしているということがわかります。一方で、日本人の中には納豆は健康に良いから毎朝食べなければ気が済まない、という人がいます。もちろん、日本人にも納豆が苦手な人はいるでしょうが、そのような人でも、日本人が納豆を食べることに対して「まあ、自分は苦手だけど好きな人はとことん好きだよね」という程度には理解できるのではないでしょうか。

これは「脳への質問」や「インスピレーションによる予知」といった、一種のスピリチュアル的な考え方にも同じことが言えます。苦手な人や身近に感じない人などは、「宇宙意志」や「脳からの回答」といった、自分の理解が及ばない単語が出てきた時点で拒絶反応を起こしてしまいます。そして、自分の中で処理ができないから「宗教」や「オカルト」などと一くくりにして、それ以上は踏み込まないようにしています。しかし、このような考え方を肯定的に捉えている人が一定数存在することは事実で、その人たちは多くの人が理解できないような力が本当に存在することを知っています。「科学的な根拠がない」に対しても答えは出始めています。

私を含め、人は見たいように見て、信じたいように信じる生きものです。ゆえに私は、それらの存在を信じない人を批判したり、非難したりすることはありません。現に、私の会社のスタッフたちは、私が普段、なにを言っているのか理解できない人の方が多いはずです。それでも、当然ですが私は彼らをクビにすることはありませんし、接し方が変わるわけでもありません。

「私が好きな納豆を嫌いだとはなにごとだ！」

と怒る経営者がいないのと同じことだと思っています。

直感経営の原点

話が少しそれましたが、このように、私は昔から「脳への質問」をしていました。1940年、東京で生まれた私は、まもなく開戦した太平洋戦争を機に母親の地元である佐賀に移り住みました。小学校に入学したのが終戦の翌年。当時の日本といえば、戦後の混乱でとにかくものがない時代です。教科書やノート、鉛筆、テスト用紙など、あらゆるものが周りにありませんでした。当然、食べるものもなかったので、いつも栄養失調気味で青白い顔をしていました。

その頃から、私にとって「商売」は身近にあるものでした。というのも、母親が佐賀で駄菓子屋を営んでいたからです。商品は当時の私と同じ子どもが食べるものだったこともあり、自然と仕入れについて母にアドバイスをするようになっていました。中学を卒業する頃には仕入れはすべて私が仕切り、問屋相手に価格交渉をするようになっていました。食べ盛りの時期に、食べものは十分にありませんでしたが、私は商品に手をつけることはしませんでした。「自分と同じようにお腹をすかせた子どもにとって、どんな駄菓子が並んでいたら嬉しいだろう。僅かなお小遣いを、どんな駄菓子にだったら出してもいいと思うだろう」と脳への質問を繰り返し、周りの皆と同じ視点で仕入れ商品を考える必要があると思っていたからです。

母が経営する駄菓子屋で、商売の面白さ、奥深さを学ぶ一方で、私は友だちから「遊びの天才」と言われるほど、遊びを考えることが得意でした。

鬼ごっこやかくれんぼといった誰もが楽しむ遊びももちろんやっていましたが、私は自分でルールをつくり、誰もが平等に楽しめる遊びを考えました。その日の人数や、遊ぶ場所が山か川か、といった条件や環境によって、遊びは変わります。どんな場所でも、どんな人数でも、短時間でも、長時間でも、その場にいる友だちを楽しませることを必死になって考えていました。

誰かを感動・感激させることに頭を使う

私の周りにはいつも、男女問わず小学生低学年から高学年までの子どもたちが集まってきました。性別も体格も異なる彼ら全員が公平に楽しめる遊びを考えることは、簡単なことではありませんでした。

いい加減なルールで、一部の人しか楽しめないような遊びを提供してしまったら、楽しめなかった人たちはもう集まってくれません。私は、私を含め全員が夢中になって遊べることを条件としていたので、勉強はそっちのけで、とにかく四六時中遊びを考えることに集中していました。

本当にたくさんの遊びを考えたのですが、代表的な遊びの一つに「泥団子の合戦ごっこ」があります。稲を刈り取った後の田んぼで2チームに分かれて泥団子を投げ合う遊びです。泥団子が体に当たったら退場、というシンプルなルールなのですが、当然、高学年は低学年よりも体が大きく、男子は女子よりも力が強いので、そのような差によって一方的な展開にならないよう配慮しました。

体格によって泥団子を投げる距離を細かく設定し、投げる泥団子の大きさに差が出ないよう「弾」となる泥団子は、私が用意しました。遊んでいるうちに弾切れになったらしらけてしまうと思ったので、私は、素早く、均等に泥団子を支給する方法を考えました。

その結果、家にあった空き缶に泥を入れ、ポンポンと泥の塊を渡すことにしました。その塊を各自で弾にしてもらえば、効率よく「弾の材料」だけを提供できると思ったのです。ちょっとした演出ですが、こういった細かな演出や設定などの付加価値をつけることで「世界観」を皆で共有し「公平感」を持たせることができるのです。

おかげで、私は友だちと顔を合わせるたびに

「今度はどんな遊びをするの?」

と催促をされるようになりました。私が考えた遊びに参加した人はみんな感動・感激してくれて、次の遊びにも参加してくれるようになります。その結果、毎日多くの友だちが常に私の周りに集まってきたのです。私に期待してくれている友だちをあまり待たせてしまうとガッカリさせるので、私はものすごいスピードで色んな遊びを考えました。

とはいえ、私も遊びたい盛りです。自分でルールを考えながらも、友だちと楽しい時間を過ごしたいと強く思っていました。そうして「遊びを考える締め切り」に追われながら夢中になって遊んでいるうち、遊びながら「次はどんな遊びをつくろうか」と考えることができるようになっていました。

つまり、私は小学生の頃から、神経を極限まで集中させ、無我夢中でありながら別の遊びを考えるという、相反する頭の使い方の訓練を自然としていたことになります。

大人になってから、無我夢中の状態というのは、一種の瞑想状態にあるということがわかりました。瞑想状態では、意識が宇宙とつながります。この考えを理解するのはなかなか難しいと思うのでここでは省きますが、結果的に私は今の直感経営に通じる思考サイクルを、子どもの頃から無意識レベルで培っていたということです。

直感力を鍛えた数々の遊び

私の興味の対象は、自然の中に溢れていました。人が当たり前だと思って疑問にすら思わないことにも「なぜ、どうして」と感じることが少なくありませんでした。

たとえば、小学3年生の頃。私は植物に興味を示しました。佐賀の実家の裏に小さな畑があったのですが、祖母がその畑で野菜や花を育てていました。ある日、何気なく畑を見ると小さな芽が出ていることに気がつきました。

このとき私はどういうわけか、無性にこの芽がどんな花を咲かせるのか気になりました。2月の下旬、冷たい風が吹く時期の話です。勉強をろくにしていない小学3年生の私は当然、植物が育つメカニズムなど知りません。

理屈は全くわかりませんでしたが、それまでの短い人生の中で、花は春の温かい時期になれば咲くものだ、ということと、水を栄養としているらしいことだけはわかっていました。

そのことから、冬は寒いから花が咲かないということも理解はしていました。

そこで私は

「温かい環境をつくることができれば花が咲くのではないか」

という仮説を立て、実験してみようと思ったのです。

温かい環境のつくり方についても、それまでの短い人生経験しか手がかりはありません。これについては、しばらく時間がかかりました。どうすれば温かい環境をつくることができるか、寝ても覚めてもその方法を考え続けました。そんなことを考えて家の中をウロウロしていたとき、縁側が目に入り、ピンときました。

「そういえば、縁側はなぜ冬でも温かいのだろう」

これがブレークスルーのきっかけでした。体験として、ガラス戸のある縁側は真冬でもポカポカと温かく、冬の晴れた日にはよく縁側ですごろく遊びなどをしたものです。それを思い出した私は、早速近所のゴミ山から割れたガラスを持ってきました。そして、畑から苗をひとつ選び、20㎝ほどの穴を掘って移しました。そして、ガラスで蓋をしました。こうすれば、太陽光がガラスに当たり、穴の中は縁側のように温かくなると思ったのです。

この考えは見事に当たりました。周りの芽が一向に成長しない中、穴の中の芽はぐんぐん成長し、2週間ほどで天井となっているガラスに当たるほどに育っていました。実験は成功です。ちなみに、私が育てていたのはハルジオンという草花でした。祖母は「こんなもの食えん」と言って私が育てたハルジオンを引き抜いて捨ててしまいました。

今思うとこれらの実験は理科の授業などで教えられることなのかもしれませんが、私は、私自身の知的好奇心を満たすために、遊びとしてこうした実験を繰り返していました。

中学に入っても「なんで、どうして」と思う気持ちは膨れ上がる一方でした。入学式の日に教科書をもらったときのことです。勉強に全く興味がなかった私は、国語や数学などの教科書は開いた記憶すらないのですが、自然は大好きだったので、理科だけは興味を抱きました。教科書を受け取ると、かじりつくように読み漁り、一日ですべて読み終えてしまいました。その中で特に気になったのが、カエルの解剖図でした。

教科書に載っていたカエルの解剖図は、内臓の位置や骨格、筋肉のつき方に至るまで細かく描写してありました。田園地帯に暮らしていた私にとって、カエルはとても身近な生き物でした。そのとき、私は本当にカエルを解剖したらこの図の通りになっているのか、確かめなくてはならないような気がしました。

早速、帰り道で大きなトノサマガエルを捕まえました。カエルの前後の足を板に打ち付け、カミソリで腹を割きました。内臓を傷つけないよう、私は慎重な手つきでカミソリを動かし、見事きれいに腹の皮だけを割くことができました。

中を見て驚きました。臓器の位置も、筋繊維の流れ方も、解剖図と一緒です。ただ、違うのは、私の目の前にある臓器はまだ生きようと動いていたことです。そこで私は、生命の神秘に触れたような気がしました。30分くらい見ていたら、次第に心臓の動きが弱くなり、ついに動かなくなりました。カエルはきちんと埋葬しました。

これを遊びと表現すると語弊があるのですが、私はこのことで、やはり自然から学ぶことは、教科書よりもずっと大きな意味を持つことを、改めて確認することができました。

命から学ぶ

　カエルの解剖を行ったことで、私は命についての興味関心がそれまでよりも強くなっていました。ある日、学校からの帰り道になんとなく近所の畑を見ていたら、きれいに均《なら》された畑の土が一ヵ所だけ盛り上がっていることに気がつきました。周りにも似たようなでこぼこの場所はたくさんあるので、普段なら気に留めないのですが、その日はなぜか気になり

「確かめるべきだ」

と直感的に思ったのです。私は畑に入って行き、その盛り上がった土を触ってみました。すると、どうやら土はふわりと被せられているだけで、その後固められている様子はありませんでした。

　不思議に思い、土をどかしながら下へ向かって掘っていくと、なにかが手に触れた感覚がありました。手にとってみると、それは小さな卵でした。しかも、30個ほどの卵がその場に埋まっていました。よく見る鶏の卵とは違いピンポン

玉のように丸くキレイな形をしているのが印象的でした。次に思ったのは、なんとかして自分の力でこの卵を孵化させたいということでした。早速全部家に持ち帰り、図鑑でどんな生き物の卵なのかを調べました。どうやら私が持ち帰ったのはスッポンの卵のようでした。

卵の正体はわかりましたが、図鑑にはその卵がどんな条件下で孵るのかは載っていません。手がかりがない私は、ハルジオンを育てたときと同様に、環境をつくろうと考えました。

家にあった温度計と巻き尺を卵があった場所へ持って行き、土の温度と卵が埋まっていた位置を測定しました。そして、土の中の温度は28℃ほど、深さは30㎝ほどであることがわかりました。

土の性質も関係するかもしれないと思ったので、念のため、その場にあった土を深さが30㎝以上ある大きなバケツ一杯に詰め、必死になって自分の部屋に持って帰りました。

土と深さの条件はクリアしたので、残りの問題は土の温度を一定に保つ方法です。私が思いついたのは電球でした。60Wの白熱電球をバケツの上にぶら下げ、電球の位置を上下に調節することで、土の中の温度を一定に保つことにしました。その日から電球は朝も昼も夜もつけっぱなしです。

3週間くらい経過した頃、私は一度卵を確認しました。もしかしたら、順調に育っているわけではなく、卵の中の命はすでになくなっているかもしれないと思ったからです。

私は卵を一つとり、慎重に外殻の一部を剥がしました。すると、なんと薄皮の向こうで、小さなスッポンの赤ちゃんがかすかに動いているのです。しまったと思った私は慌てて卵をバケツに戻しました。外殻を一部剥いでしまったので、その面から土が入らないように下向きにしました。ひやりとしましたが、ここまでは間違えずに育てられていることを実感でき、ホッとした気持ちもありました。

それからさらに4、5日が経過しました。

学校から帰り、何気なく自分の部屋のドアを開け、私は仰天しました。部屋中を小さなスッポンの赤ちゃんが這い回っているのです。私は、慌ててその数を数えました。

1……5……10……30……。ちゃんと30匹いました。一つ外殻を剥いでしまった卵もきちんと孵すことができたのです。それを確認した私は一人部屋の中で大喜びしました。自分の力で、命を孵すことができたのです。きっとあの畑にあったままだったら、畑を耕した際に踏み潰されていたでしょう。そう思うと、私が命を守ったような気持ちになり、達成感はひとしおでした。

生まれた30匹のスッポンは、そのまま育てようかとも思いましたが、やはり自然の中で育つことが一番だと思い直し、もとの畑の近くにある沼に放ちました。カエルのときと同様、命から学ぶことはとても大きな経験として私の中に残りました。当時の気持ちは70年ほど経った今でも鮮明に思い出すことができます。

事業家との出会い

そんな風に毎日遊びふけっていた頃です。私は近所のおじさんから福沢桃介の伝記を渡されました。福沢桃介は福沢諭吉の娘婿で、1909年に名古屋電灯の株式を買収したり、中部地方を流れる木曽川を開発し、水力発電を普及させたりしたことで有名な「電力王」の異名を持つ事業家です。何気なくこの伝記を読んだ私は

「事業家とは、なんと男らしい仕事なのだろう」

と感激し、中学2年生のときに事業家になることを決意しました。今思えば、このとき、心が大きく突き動かされ、自分が進むべき道は絶対にこの道だ、と直感ではっきりわかっていたのです。

そうと決まれば、すぐにでも事業家になるための下準備として働きたいと思ったのですが、中学を出ただけでは大した働き口はありません。高校くらいはきちんと出なければいけないと思いました。ただし、せっかくなら県下一の

高校に行こうと考えました。

当時、私は特別勉強ができるわけではありませんでした。成績は真ん中くらいでしたので、先生からは学力に見合った学校へ行くべきだと強く勧められていました。それでも、私は

「事業家になるために県下一の高校へ行く必要がある。だから受験には合格するはずだ」

と確信していたので、どんなに周囲から反対されても譲りませんでした。

結果、3ヶ月ほど受験勉強をして目標にしていた県下一の進学校へ進学することができました。周囲は大変驚きました。私も驚きましたが、それは「まさか自分が合格するなんて！」という驚きではありませんでした。むしろ「やはり自分がこうだと思って突き進めば、本当に結果を出すことができるんだ」ということが証明できたことに驚いたのでした。

これらの経験から、私は徐々に自分の直感に対して素直になったのです。

直感に従い続ける

高校に入学してからは、この直感に従って興味のあることに没頭しました。たとえばラジオです。１９５０年代後半、世の中にはまだテレビは普及しておらず、多くの人がラジオを楽しんでいた時代でした。私もラジオに夢中になり、海外の番組やジャズを聴いて過ごしていました。ただ、私の興味は他の人と少し違いました。単純に、ラジオの仕組みや電波というものにも興味津々だったのです。

そこで私は、高校1年生のときに無線機器を自作し、アマチュア無線で他人との交信を試みたことがありました。そのときは今のようなインターネットでの交流もありませんでしたので、母親から「危ないことはやめなさい」と強く止められました。実際、無線で交信をする人もごくごく限られた「電波オタク」的な人ばかりで、私自身、少し危険だなと思い、すぐに手を引きました。

小学生の頃から自分で遊びを考え、数々の実験を遊びの中で繰り返してきた私にとって、いわゆる普通の遊びでは到底物足りなくなっていました。そのため、振り返ってみると年齢を重ねるごとにスケールの大きな遊びをするようになっていたと思います。

高校時代には、自転車の発電機で発電し、その電流をトランスで大きく昇圧させ、棒の先につけた電極で池に電気を流して魚を捕ったことがありましたが、実はもう一つ、この高校時代に大きなスケールの「遊び」を行っていました。

たった一人のロケット打ち上げ

1957年、ソ連（現・ロシア）が開発した人工衛星、スプートニク1号が打ち上げられたことで、アメリカとソ連の宇宙開発競争が本格化しました。当時私は多感な高校生。しかも好奇心は旺盛です。そんな私が宇宙のロマンに胸を弾ませるのは極めて当然のことでした。

ソ連がスプートニク1号を打ち上げる少し前、1954年に、糸川英夫教授が率いる東京大学の研究グループによって「ペンシルロケット」と呼ばれる鉛筆のような形のロケット開発が発表され、翌1955年から各地で実験が行われていました。その様子をニュースで知った私は、胸の奥底からなにかが湧き上がるのを感じていました。それは

「このペンシルロケットを、自分でつくりたい」

という思いです。いつものことながら、どういう仕組みで、なにを準備すれば良いのか、この時点では皆目見当がつきません。ただ、自分には必ずできるという直感だけがありました。

ある日を境に私の部屋はロケットの研究室になりました。時々弟に構想を話したり、相談したりしていましたが、基本的には私一人の研究室です。毎日図面を描いては消し、を繰り返し、やっとの思いで納得のいく図面を描くことができました。

そして私は、自作の図面と何本かの壊れたコウモリ傘を抱え、近所の溶接屋さんに飛び込みました。溶接屋さんにはこれまでに何度も、ものづくりの相談

をしています。今回のロケットについても熱く構想を語ったところ、私のアイデアを面白がってくれました。私はコウモリ傘を分解し、そのフレームを溶接してもらい、ロケットの骨組みをつくっていきました。

形はできました。残りは燃料、つまり火薬です。当然、火薬のつくり方など知らなかった私は、本屋を何軒も回りました。コレという情報はなかなか見つかりません。時間が経ったら新しい本が入荷されていると思い、同じ店へも何度も足を運びました。今考えると危険人物だと思えるほどに、当時、私の頭の中は火薬でいっぱいでした。

何度目かは覚えていませんが、佐賀で一番大きな書店へ行ったときのことです。その日も、お目当ての情報が得られず、店内をウロウロしていました。すると、科学のコーナーの隅っこ、しかも奥の方に、一冊だけ異様に古い装丁の本を見つけました。やっと、なにかを感じられる本を見つけたと思いました。

その本は、古い百科事典でした。初版の年数は覚えていませんが、私が高校生だった1950年代に「古い本だな」と感じたほどなので、相当の古さであることは間違いありません。

そこに書いてあった「黒色火薬」という項目を見つけた瞬間、私は「コレだ！」と確信しました。黒色火薬をわかりやすく説明すると、主に火縄銃や村田銃などで使用された火薬です。調べてみると、自分でも集められそうだということがわかりました。

材料を集めた後は、家に持ち帰って実験です。乳鉢でそれぞれの材料を粉末にした後、家にあったお猪口を10個並べ、そこに配合の割合が違う10種類の火薬を入れました。

線香に火をつけ、火薬に近づけて着火させます。すると、ボッという音とともに、小さな火柱が上がりました。その横の火薬にも同様に着火すると、今度は少し大きな火柱が上がりました。そうして私は、10種類の火柱の高さを確認し、どの配分で混ぜ合わせればもっとも強力な火薬になるかを割り出すことに成功しました。

準備が整い、ついに自家製ペンシルロケット打ち上げの日を迎えました。私は田んぼの真ん中に針金でつくった発射台を設置し、ロケットを固定しました。打ち上げ場には弟も連れて行きました。ロケットを線香で着火するわけにはいかないので、紙ひもに火薬を塗り込み、10mほどの導火線をつくりました。

打ち上げの瞬間、私は佐賀の田んぼの真ん中にいながら、スプートニク1号が発射されたときのような、世紀の大実験の現場にいるかのような感覚に包まれていました。導火線に火をつけ、ロケットに着火した瞬間

「ドドーン！」

と大地が揺れるような音とともにロケットは真っ直ぐ空へ向かって飛んで行きました。あまりの音の大きさに、近所の家の窓が次々とあき、「なんだなんだ」という様子で住人が見回していましたが、そんなことはお構いなしに、私と弟は「成功だ！」と喜びを分かち合いました。

結局、ロケットは100～200mほど上昇したところで推進力を失い、私たちがいたすぐそばに着地しました。よほど真っ直ぐ飛ばすことができたのだ、と私は大満足でした。

このロケット開発だけでなく、幼少期から私が行ってきたことは、すべて遊びの延長線上にありました。心がワクワクすることを心が赴くままに無我夢中になって取り組めばクリアできる。という成功体験をいくつも積み重ねることができたのです。

誰にでも当てはまるとは思いませんが、少なくとも、私は間違いなく、遊びによって直感力を鍛えることができました。

親の存在

ロケットを開発している途中で、一つ事件が起きました。私の部屋で火薬の火柱がどのくらい上がるかを実験していたときのことです。お猪口に上がった火柱から、火の粉が少しだけ飛んだのです。運悪く、その火の粉が火薬をつくっていた乳鉢の中に飛んでしまい、ボオオッと大きな火柱が上がってしまいました。幸い、家が焼失してしまうほどの火事にはなりませんでしたが、研究室である私の部屋の天井は真っ黒に焦げてしまいました。

その後、騒いでいる私に気づいた母親が部屋に飛び込んできて、私をこっぴどく叱りました。私はこのときのことをよく覚えています。なぜなら私は母から怒られたことがほとんどないからです。

思い返してみると、私の母親は大変肝の据わった人でした。自分で言うのはどうかと思いますが、私は幼少期から普通ではない遊びを繰り返していました。勉強などは一切せず、ハルジオンを育てたり、スッポンの卵を部屋で孵化したりしていたのですが、母は私に向かって一つも文句を言いませんでした。

私は信頼されていたのだと思います。安全、危険のラインをしっかりと引ける人間だと思ってもらえていたのです。ただ、極稀に、火薬のときのような事故を起こしてしまったら、母はこっぴどく怒るのです。怒られた私も、完全に納得しているので、それで腹を立てることはありませんでした。我が家の教育方針のお陰で、今の私があるのだと、心から感謝しています。

仕事選びも「やりたいかどうか」を優先

高校卒業間近の1958年には私の地元でNHKテレビの本格放送が始まりました。当時、テレビ放送開始のシーンをラジオが実況中継していて、私はラジオにかじりつきながらその様子を聴き「これからはテレビの時代だ」と確信しました。大きな時代のうねりみたいなものを感じ、私はテレビ関連のことを本格的に勉強したいと思うようになったのです。

そこで私が選んだ次の進路は、東京にあるテレビ関連の専門学校への進学でした。当時の私は「秋葉原オタクの先駆け」のような存在で、上京後、一目散に秋葉原へ行ったくらいです。専門学校を卒業した後は、学校に求人が来ていた電子測定器の会社に入りました。社員は40人程度で、給料はよくありませんでしたが、経営者の動きがよく見えそうだと思ったことと、やっぱり直感的にここで学ぶことが必要だ、と感じたので選びました。

今、できることを徹底的に

入社後、私にできることはなにもありませんでした。学校で学んだことは活かせないし、社内を飛び交っている専門用語もほとんど理解できませんでした。これには困ってしまいました。そうは言ってもなにもしないわけにはいかないので、まずは、自分にできることをやろう、と決めました。

その翌日から私は誰よりも早く出社して、社内を掃除しました。始業が午前9時だったので、毎朝8時には出社して、庭、机、廊下、窓……と、たっぷり1時間は掃除していたのです。これを1年間続けよう、と考えていました。

3ヶ月ほど続けたある日、私がいつものように朝の掃除をしていたら、たまたま用事があって早く出社した課長が私に気づき

「なんだ、このところ掃除をしていたのは石井くんだったのか」

と話しかけてきました。私は、今の自分にはできることがないから、せめて先輩方が気持ち良く仕事できるように、自分にできることを徹底的にやってい

る、と正直に思っていたことを話しました。

するとすぐに、変化は訪れました。業務時間中、誰かの視線を感じるようになったのです。不思議に思って社内を見回すと、社長がこちらを見ていることに気づきました。後々わかったのですが、毎朝私が掃除をしていることを課長が社長に報告していたのです。社長は「これまでそんな社員はいなかった」と私に興味を抱き、自然と私の立ち居振る舞いに注目するようになっていたとのことでした。

結果的に、私はそれによって社内で確固たる地位を築くことができました。社長だけでなく、周囲の社員も私の行動に気づき始め、私に感謝してくれるようになりました。先輩社員たちは以前より丁寧に仕事を教えてくれたり、私が困っていたら助けてくれたりするようになりました。おかげで私は自分の仕事がテキパキとこなせるようになり、周囲に目を向ける余裕も生まれました。

会社の常識を変えた3ヶ月目の新人

仕事に余裕が出てきたら、いろいろとこれまで見えなかったものが見えるようになりました。その最たるものが、扱っていた製品そのものでした。当時つくっていた測定器にはツマミがついていて、パートのおばちゃんたちが動作確認のために一日何時間もいじっていたのですが、しきりに指をさすっていることに気がつきました。私は何気なく、一人のおばちゃんに声をかけました。すると

「長いことツマミを触っていると指が痛くてね」

とおばちゃんは言いました。それを聞いてピンときました。つくっているだけでは気づかなかったのですが、エンドユーザーにとって、このツマミはとても重要です。そのツマミは角ばっていて指が痛くなるようなものだったのです。だからツマミを変えなくてはいけない、と思いました。

とはいえ、私には設計の知識もノウハウもありません。どうしようかと思っ

たのですが、工作は得意だったので、会社帰りに雑貨屋に立ち寄ってゴム粘土を買い、そのゴム粘土でツマミそのものをつくってみました。

翌日、手づくりのゴム粘土ツマミを持って私は社長のもとを訪れました。社長には現場で見たことを報告した上で自作のツマミを見てもらい、自社の製品には欠点があるから改良すべきだ、と意見しました。普通だったら、入社3ヶ月の若造の言葉など相手にもされないでしょう。まして大切な自社製品の欠点を指摘し、改善せよと社長に直談判する新人など社内的には前代未聞です。しかし、ここで私が朝の掃除をしていたことが役に立ったようでした。その翌日、社長とこんなやり取りをしました。

「昨日話したツマミの件、君がつくってくれ」

「ありがたい話ですが、私は設計ができません。誰か設計ができる人にお願いした方がいいと思います」

「じゃあ設計ができる島崎をつけるから、二人でやってくれ」

こうして私は入社3ヶ月で、自社製品のリニューアルプロジェクトを任されたのでした。しかも、部下までついたのです。正直、このスピード感には驚きました。これが優秀な経営者の判断か、と舌を巻いたものです。かくして私はほぼ素人に近い新人ながら、これまで何年もつくられていた製品の常識を覆したばかりか、会社そのものの常識も覆してしまったのです。

新しいツマミのデザインはすぐに採用され、その後はメーター、筐体全体のカラーリングの変更を任され、しまいには雑誌媒体への広告出稿、カタログ制作、営業などあらゆる分野の変更を手がけることになりました。これらはすべて、ツマミのときと同じように、気になったことを直談判して任せてもらったものです。

次の目標へ

そのような改革を3年ほど続けたある日、直感的に私は「ここでやることはすべてやり尽くした」と感じました。あくまでも目標は事業家になって成功すること。そのためにはそろそろ次のステージへ身を移す必要があると判断したのです。

とはいえ、そのときすでに私は多くの仕事を任されていたので、今日思いついて明日には辞める、ということはできませんでした。社長には強く引き止められましたが、なんとか納得してもらい、引き継ぎを済ませて会社を辞めました。

この話をすると驚かれるのですが、私は会社を辞めたあと、なにをやるかは考えていませんでした。多くの人は、在職中に次のやりたいことを見つけ「これがやりたいから辞める」という順序であることが多いと思いますが、直感に従って行動していた私にとっては、今やっていることをとりあえず辞めてから新しいことについて考えることに、特別不安はありませんでした。

会社を辞め、自宅で一人、考えました。次になにをやるか、なにをやるべきか、脳への質問を繰り返します。すると、ふと本が読みたくなったので、本屋へ行きました。

本屋で私は、なにかに手を引かれるように通路を進み、ある書棚で立ち止まりました。そこで目に留まったのは生命保険セールスの本でした。これまでの人生で一度も生命保険のセールスマンになることなど考えていなかったのですが、なぜだか妙に気になったのです。手にとって読んでみると、生命保険セールスは自分の頑張り次第でいくらでも稼ぐことができるらしい、ということがわかりました。

事業を始めるためには、なにをするにしてもまとまった資金が必要だということは理解していたので、この仕事なら普通に働くよりも早く目標に近づけるのではないかと思いました。ちなみに、このときも、事業家になることは決めていましたがどんな事業をするかについては全く考えていませんでした。

ともあれ、次の目標は保険のセールスマンになって稼ぎまくることに決めた私は、早速背広を新調し、下宿近くに本社がある生命保険会社に飛び込みで面接を受けに行きました。受付の人も、人事担当者も、驚いていましたが、私の熱意が勝ったようで、割とすぐに日本橋支社で採用してもらえました。

1962年、こうして保険のセールスマンになった22歳の私は、飛び込みセールスをしながら勘どころを学び、その後は代理店の開拓にまい進しました。

保険セールスの仕事は簡単ではありません。契約をいただくのはもちろん、人の心を動かすことがいかに難しいのかを痛感しました。胃に穴が空くほど悩み、考え抜いた結果、人の心は、ちょっとした喜び程度のものではなく、圧倒的な感動・感激を与えた時に動くものだということがわかりました。そのことを学んだ私は、極端なほど、相手に尽くしました。酒好きな経営者の誕生日には樽酒を手配してプレゼントしたり、家族想いの経営者には家族と楽しめる旅行プランを考え実行したりと、突き抜けた献身を心がけました。

その結果、入社の年に行われたセールスコンテストで私は新人ながら全国1万4000人のセールスマンがいる中で8位の成績を収めることができました。この経験で、私は商売道を学ぶことができたと思っています。

測定器の会社で、気づきと行動によってたとえ新人でもビジネスを動かせることを知り、保険会社で人を感動・感激させることが私なりの商売の原点だということを知りました。直感に従うという、傍から見れば行き当たりばったりに思えるようなことが、私にとっては必要不可欠な経験であったということです。

結局、30歳手前で保険会社を辞めるのですが、気づいたときには私の通帳にはかなり大きな事業ができるほどの資金が貯まっていました。

商品未定の会社設立

昔からものづくりが好きだった私は、事業を立ち上げるときに「ものをつくる仕事」ということだけ決めていました。逆に言うと、それ以外は全くなにも考えていません。つくるもの、売るもの、なにもかもを決めるより先にやったことがあります。それが社名を決める、ということでした。

私はいつも直感に従い、脳への質問を繰り返し、行動してきました。それが由来となり、1970年に「シンキー(考える)」という名前の会社が生まれました。タイミングよく、ＮＨＫの技術者をしていた私の弟が商品のアイデアを持ってきてくれました。弟は昔からアイデアマンで、周囲を驚かせることが得意でした。そんな弟が目をつけたのが、当時大流行していたパチンコでした。その頃はパチンコ玉を数えるのはすべて人力でした。トレーに玉を乗せ、トレーについている目盛りでパチンコ玉を一つひとつ計数していたのですが、これを自動計数にしてみようというアイデアでした。

さっそく試作機をつくり、近所のパチンコ屋に持っていくと、上々の評判。これは行ける、ということで、弟はＮＨＫを退局し、私の会社で量産化すべく開発、設計に没頭しました。

会社といっても、アパートの一室です。しかも、私は当時新婚でした。新婚夫婦が暮らす狭いアパートで、朝から晩まで私と弟は開発をしていました。扱うものがパチンコ玉で、じゃらじゃらと大きな音を出していたので、妻と両隣の住人には申し訳ないことをしたと今でも思っています。

その甲斐あって、出来上がった製品は売れに売れました。大手の商社が扱ってくれたこともあり、私の会社のデジタルカウンターを扱うパチンコホールはどんどん増えていきました。私と弟は、事業の成功を祝いました。

ところが、3年ほど経過し、私の会社のカウンターを扱っていた一番の大手商社が倒産したことがきっかけで、製品は売れなくなっていきました。また、ある大手メーカーが巨額の投資を行い、私の会社の機構を真似たカウンターを開発し、一斉に市場に投入してきました。体力のある大手企業が本気で市場を取りにきたら、弟と二人で切り盛りしている程度の私の会社では太刀打ちができません。このことで私の会社は600万円の負債を抱えてしまいました。今の貨幣価値にすると10倍くらいでしょうか。とにかく、とてつもない額の負債です。

このとき、私たちの前には二つの選択肢がありました。一つは、より研究を重ねて今度こそ他社には真似のできない、もっと高性能なカウンターをつくる。もう一つは、スパッと撤退して全く違う分野で再出発する、というものです。

脳への質問を繰り返し、返ってきた答えは後者でした。実際は前者の方が培ってきたノウハウを活かせるので、成功する可能性は高かったのかもしれません。しかし私は、この業界に馴染めない、もっとほかの可能性を探りたい、という想いもあったので、すんなりと直感に従いました。こうして私の会社は、初めての業種転換を行ったのです。

直感に導かれた

デジタルカウンターは当時、最先端の電子機器でした。この技術を応用すればなにか新しい未来がつくれるのではないかと私と弟は考えました。世界は、電子機器にＩＣ（集積回路）を組み込み、あらゆるものがアナログからデジタルへ変わるタイミングだったのです。

そこで、まずは十数品種の電子回路をユニット化した商品群をつくり上げ、秋葉原の電気街で販売することにしました。するとこれがヒットし、急速に売上を伸ばしていきました。

ただ、これらはあくまでも電子回路をユニット化した「部品」でしかありません。やはり製品をつくらなければ、いずれ他社に真似をされて埋もれてしまう。そんな危機感は持ち続けていました。

「自分たちが持っている技術で、次に勝負を仕かけるとしたらどの分野がいいだろう」

私と弟は、こんな会話を毎日のように重ねていました。私たちが手掛けようとしているのは「この先必ず利用される」かつ「他社がまだ手を出していない、もしくは成功していないもの」です。その条件に合っていたのが、メーターの分野でした。

それまでメーターは針が動いて数値を示していましたが、これがはっきりとした数字で表されることは、これからのデジタル時代において必要不可欠。しかも、他社はまだ成功していない。ということで、とても難しい開発でしたが、電子回路ユニットを販売する傍らで、着々と準備を進めました。

すべての行動に意味があった

半年ほど開発を続け、なんとか安定性のある回路を独自開発することができました。これでようやく勝負に出られます。当時すでに他社が弁当箱くらいの大きさのデジタルメーターをリリースしていましたが、売れ行きは良くないようでした。私は「それもそうだ」と思っていました。なぜなら、私にははっきりと他社製品が売れていない理由がわかっていたからです。

他社製品の欠点の一つは、温度変化に弱い点です。私の会社の製品は当然、温度変化に対する安定性を保つ回路にするなど対策は施してありました。ただ、これについては、製品をブラッシュアップしていけばやがて解決できる問題です。大切なのはもう一つの欠点、デザイン面です。

当時、多くのエンジニアは性能を追い求めるあまり、デザイン（見栄え）を軽視しがちでした。確かに、内部の部品や機構などであれば性能を追求することは間違っていないかもしれませんが、メーターは表に出る部分。当然、人の目に触れます。ゆえに、デザインは非常に重要なポイントになるはずだ、と私は思っていたのです。デザインの重要性については、測定器のメーカーで学んでいましたし、人の心を感動・感激させるためには視覚的なインパクトは必須だということもこれまでの経験から学んでいました。

私の会社でつくるデジタルメーターは、工業デザイナーにデザインを手掛けてもらい、発売時には専門誌を中心に大々的な広告を掲載しました。さらに、他社製品はデジタルメーターを12万円前後の価格で販売していましたが、私の会社では2万6000円という破格で販売しました。利幅は大きくありませんが、シェアを取りに行く過程だったので問題ありません。

その結果がどうなったのかは言うまでもないかもしれませんが、デジタルメーターは売れに売れました。最初は30台ずつ生産していましたが、すぐに100台ロットで生産する体制になりました。ユーザーも幅広く、この事業で宇宙開発や国内外の研究所、大手企業といった、現在もお付き合いが続く出会いがたくさんありました。私の会社も、この事業でずいぶん大きくなりました。

社内の体制が整ったことで、新しい動きも可能になりました。デジタルメーターと同時期に、デジタルメーターの技術を応用した磁気ヘッド検査システムの開発も行い、これもヒットしました。事業はどんどん拡大していき、ついに、現在の主力製品となる、自転・公転ミキサーとの出会いにつながっていくのです。

このように私は、これまでに培ってきた経験とノウハウを一つも無駄にせず、新しい常識をつくり続けてきました。幼い頃から脳への質問を行い、直感力を養ってきたからこそ、こうした成功があるのだと確信しています。

第3章

手のひらサイズの玩具から宇宙までミキサーが起こしたいくつもの「革命」

それぞれの企業に寄り添った開発

自転・公転ミキサーに限らず、私の会社の製品のほとんどは市場に受け入れられてきました。理由はさまざまありますが、大きな理由の一つが、それぞれの企業の利益を上げることにコミットした提案と改善を繰り返していることが挙げられます。

たとえば自転・公転ミキサーの特徴に、多種類のアタッチメント（特殊部品）があります。これらはすべてユーザーの課題を私の会社のミキサーで解決するために、まず、それぞれの会社用にカスタマイズします。そして、それらに汎用性をもたせてアタッチメントとしてリリースしたり、新たなニーズから新製品を開発したりしています。

私の会社では、どんな製品も売ったらおしまい、という方法は取っていません。担当者や営業マンがコツコツとクライアントを回り、情報や課題を吸い上げて、それを社内に持ち帰り検討と解決のための開発を重ねています。パイオ

製品（アタッチメント）ラインナップ

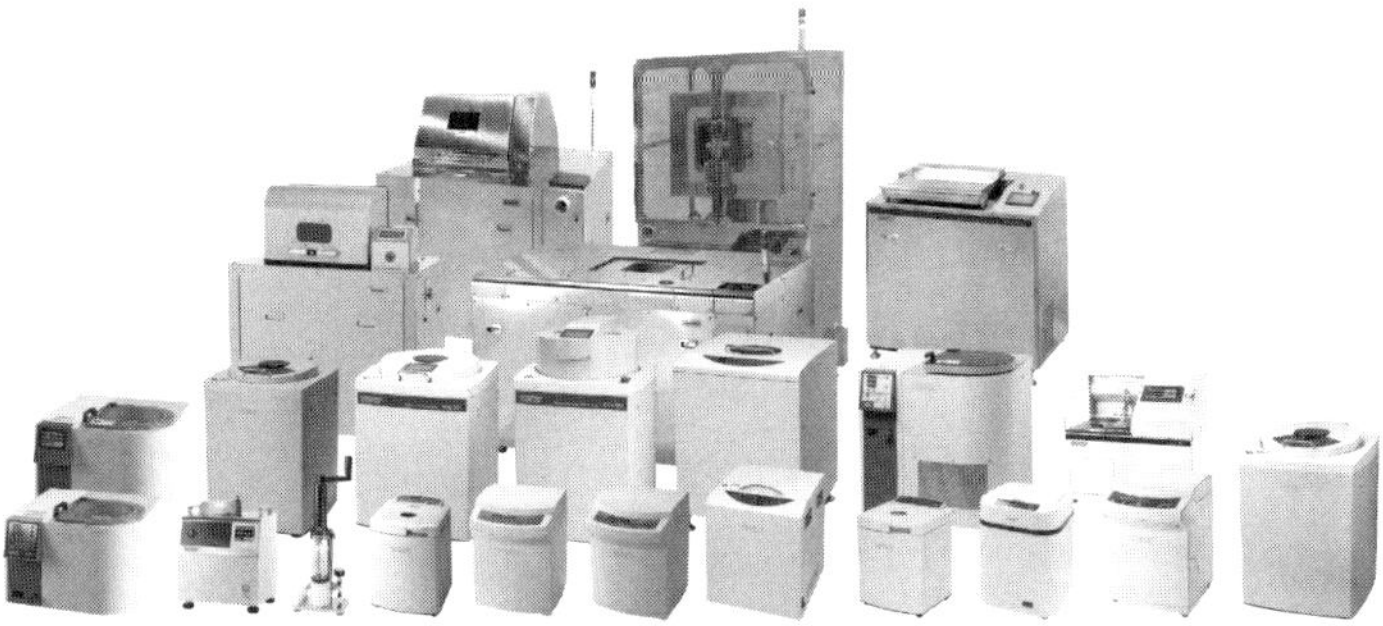

ニアであり、トップシェアではありますが、全然スマートな営業をしていません。

この精神が社内全体に根づいていることが、私の会社の強みだと言えます。誰もが常に向上心を持ち、クライアントを大切にし、もっと良いものを、という姿勢で業務に臨んでいます。

損得勘定を排除する

どんな企業にも当てはまることですが、選ばれる企業かどうかは、いかにクライアントにとって「この会社と付き合うことにメリットがある」と感じてもらえるかにかかっています。世知辛い話かもしれませんが、利潤の追求が企業活動の根底にある以上、避けられない部分ではあります。

そんな中で、私は損得勘定を抜きにして、まずは相手のため、社会のためになると思ったことはとにかく行動する姿勢を貫いてきました。企業活動に限らず、人はなにか行動をする際にはまず理屈を考えます。特に人生の大きな決断を前にすると、ほとんどの人は損得を考えて行動するのです。このときの理屈や損得の根拠は、それまでに学んだ知識や経験、それと他人の意見です。

私はかねがね、その根拠は本当に正しいのかと考えています。実際、そうした「根拠」を持って決断したとしても、結果は誰にもわかりません。熟考した結果必ず成功するならば、この世は成功者で溢れていて、不幸な人は一人もいない世界になるはずです。しかし、そうなっていないということは、人はどれだけ熟考に熟考を重ねても、後悔したり、失敗したりするということです。

それならば、本気で直感を信じて「根拠はないができるはず」とか「失敗するかもしれないけど、どうしてもチャレンジしたい」くらいの意気込みでぶつかった方が何倍もいい。深層心理では誰もがそう思っているはずなのに、行動には移せないのです。

インスピレーションの重要性

私は本質的にネガティブな発想をするタイプの人間ではありません。インスピレーションやヒントが頭に湧くと、できるかできないかを考える前にまず実行しているのです。通常であれば、誰でも実行する前に「その行動によってどれだけ得するか」を考えます。そして、その行動が割に合わない（＝損をする）と思えば実行しません。普通のことだと思われるでしょう。

しかし、よく考えてみてほしいのですが、なにかがパッとひらめく瞬間に、損をするインスピレーションが湧くでしょうか。インスピレーションというものは例外なく、損得の外側で湧いてくるものだと私は思っています。

それを理屈や損得勘定、常識などでこねくり回し始めたら、最終的に残るのは、損はしないかもしれないけど、誰でも実行できそうな、平凡なアイデアです。そこに人を感動・感激させるほどの驚きやニーズはないでしょう。

インスピレーションはその人にとって必要だから「降りてくる」ものなので

す。それを信じて行動することではじめて、大逆転の大当たり！　に挑戦できるというものなのです。ただし、誤解を招かないように明言しておきますが、インスピレーションさえあれば戦略は不要だと言っているわけではありません。インスピレーションは大切ですが、事業を成功させるための計画性や戦略、慎重な行動ももちろん大切です。

クライアントの利益を出す

損得勘定や常識を排除した考え方で信じたものに対して全力で行動する。これは、製品開発だけでなく、クライアントに対しても大切な姿勢です。

前述の通り「あわとり練太郎」には大量のアタッチメントと派生製品がありますが、これらの多くはクライアントの課題を解決していく過程で生まれたものです。クライアントが「こんな用途に使いたい」「この場合は、うまく使えない」と言えば、その課題を解決するための改良が始まります。

そうして生まれたアタッチメントなどは汎用品としてラインナップするケースが多いのですが、企業や用途によって仕様が細かく異なるため、特注製品というものも少なくありません。

汎用性が高くないものは、利益面だけを考えると数多くつくることは「損」だとも言えます。しかし、私の会社では「損」かもしれないアタッチメントをつくり続けています。

「開発費用をもっとクライアントに請求しなければ赤字です」

「これをつくったところでほかの用途で使えるでしょうか」

「これ以上コストをかけたらほかの作業が止まってしまいます」

など、社員から意見が出たこともあります。それでも、私はクライアントの役に立ちたいという思いから、開発を続けるよう指示してきました。また、そうした苦しい開発を繰り返すことで、開発レベルの底上げができるほか、「汎用性がないかも」と思われるアタッチメントがいつか超大手の基幹部品製造に欠かせないものになるかもしれない、という思いから

「損をしてでも続けるべきだ」
と伝えてきました。社員たちは最初、渋々だったかもしれませんが、徐々にそれが当たり前だと思ってくれるようになり、今では困難な開発依頼が入ってきたら、腕まくりをして自主的に開発に取りかかってくれる頼もしい存在になっています。

クライアントにとっても「シンキーに頼めばなんとかなる」というイメージを持ってもらうことができたようで、気兼ねなくあらゆる相談をしてもらえるようになりました。

一つひとつの開発は小さなものかもしれませんが、それらを無下にせず、真摯な姿勢で向き合うことで、クライアントの製品やサービスの質が上がり、満足してもらえたら次の製品でも依頼があり、製品の評判を聞きつけて思いもよらない企業からオファーが来ることもあるのです。

商売の基本だとは思いますが、インスピレーションの話同様「得をしそうだから手を出す、損をしそうだから手を出さない」などと選り好みをしていては、小さな成果しか得られないと私は考えています。

私の会社では損得を抜きに挑戦を続けた結果、世界的なメーカー、精密機器に不可欠な技術、社会に大きく貢献できる技術など、さまざまな分野で役に立つことができました。一部ではありますが、経緯や工夫、それによってどの程度クライアントに利益をもたらすことができたのか、事例を紹介します。

【事例①】宇宙航空産業

はやぶさの功績を陰で支えた潤滑剤

自転・公転ミキサー「あわとり練太郎」導入による変化の事例を挙げればキリがありませんが、中でも大きなプロジェクトに関わった例としては、航空宇宙産業の「はやぶさプロジェクト」が挙げられます。どの部分で私の会社の技術が役立ったかというと、はやぶさ本体に塗布する潤滑剤の製造方法です。

宇宙空間や超高温（低温）空間では、通常の潤滑剤では蒸発してしまったり、温度変化に耐えられなくて機能しなくなってしまったりします。このような場面で活躍するのが、環境や温度の変化に強い個体の潤滑剤です。

たとえばはやぶさの場合では、まず打ち上げロケットブースターの切り離し部分や、本体の太陽電池パネルなど、駆動する部分にその潤滑剤が使用されています。

もともと、このはやぶさプロジェクトは文部科学省とＪＡＸＡ（宇宙航空研究開発機構）のチーム、そして、全国１１８の企業や大学などが共同で取り組んだものです。その企業の一つ、東京都にある社員数30人ほどの企業が製造販売している固体潤滑剤の開発に私の会社の技術は使われていました。

同社製の個体被膜潤滑剤を塗布されたはやぶさは、約7年、総移動距離60億Ｋｍもの壮大なミッションに挑みました。そんな過酷なミッションであったにもかかわらず、グリスによるトラブルはなく、無事、小惑星イトカワの微粒子を持ち帰ることに成功したのです。「はやぶさの奇跡」と称され、ドラマ化、映画化もされ航空宇宙研究に大きく貢献しました。

そうした同社の取り組みが認められ、宇宙開発担当相と文部科学省から感謝状が同社に贈られました。また「はやぶさの立役者となった町工場」として、業界からも大きな注目を集めました。メディアからの取材も多数あったことで、就職希望者も増え、大小さまざまな製造業からの注文を受けています。

今後も同社が宇宙航空産業になくてはならない会社として貢献していくことを、私は願っています。

はやぶさプロジェクトの副産物

潤滑剤のほかにも、はやぶさプロジェクトでは私の会社の技術が役に立ちました。それははやぶさが持ち帰った約1500個のイトカワ微粒子の分析用接着剤の製造です。

このイトカワの微粒子一つひとつは100μmに満たない大きさしかなく、分析は特殊な接着剤で固定して行われます。このとき、土台となる樹脂にわず

イオンビームで切断されたイトカワの微粒子

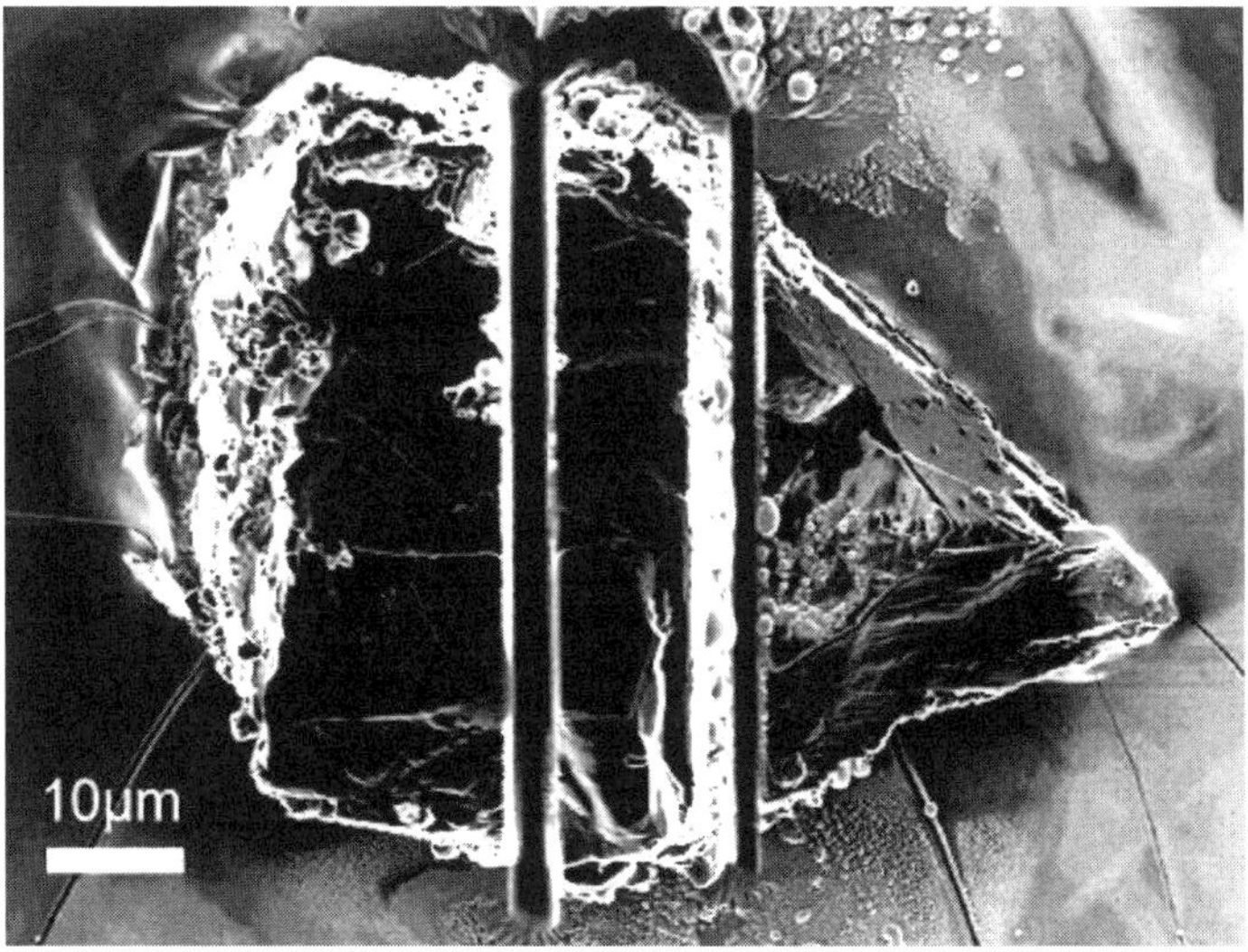

かでも気泡があれば、正確なスライスができません。この課題を解決するために、私の会社の技術が役に立ったのです。

今ではさまざまな業種で活用されている接着剤の精密撹拌技術ですが、宇宙航空研究の分野ではかなり早い段階から有用性が認められていました。はやぶさプロジェクトに関わる以前は、月へ打ち込むロケットの各種センサーや、基板、データの発信装置など耐衝撃、耐真空環境、耐冷、軽量化のための充填剤の撹拌・脱泡の技術提供を行っていました。

この分野ではもともと手撹拌と真空脱泡を組み合わせて丹念に接着剤をつくっていましたが、光学顕微鏡で見ると硬化剤の残渣《ざんさ》や気泡がどうしても残ってしまっていました。人の手で高いクオリティを担保し続けるのは難しいと認識されていたところに、あわとり練太郎の技術が入ったことも絶妙なタイミングだったようです。その後も何度も研究所の担当者とブラッシュアップを重ね、製品の精度を上げていきました。その過程で私の会社そのものの信頼を勝ち取ることができ、今回の抜擢につながったのだと思っています。さらに、このブラッシュアップの期間に、最先端の技術や専門的知見を取り入れたことが、製品の品質向上に大きく貢献しました。その結果、ほかの企業が参入しても、シェアを守り続けることができているのだと思います。

【事例②】歯科業界
長期愛用者と嬉しい悩み

私の会社が提供するミキサーは、質をとことん追求したことで、多くのユーザーに支持されるものとなりましたが、一方で頭を悩ませることもありました。それは、あまりにもミキサーの耐久性をアップさせたことで、買い替え需要がほとんどないことです。ユーザーにとっては願ってもないことだと思いますし、私としても、それほど質の高い製品を提供できていることには満足しているのですが、営業チームは常に新規顧客の開拓をしなければならないので、大変な面もあるのです。

その事例として、ある歯科医院とのエピソードがあります。

歯科医院では、虫歯の治療で歯型を取る際、冷たくやわらかいペースト状のものを口の中に入れますが、その素材はアルギン酸といい、水と混ぜてから数分で固まることにより歯の印象を取ることができます。

あわとり練太郎が誕生するきっかけとなったのは、このアルギン酸の練和でした。このときは量産化を目指していなかったので、完成したのは都内の歯材メーカー向けの「レボリューション」というＯＥＭ製品でした。

その後、製品は改良を続け、やがてあわとり練太郎として多くのユーザーを獲得していくわけですが、製品の発売から30年以上が経過していたある日、私の会社に修理に関する問い合わせがあったことで、プロトタイプともいえるレボリューションの二代目モデル「レボリューションⅡ」（１９９０年発売）が今も現役として活躍していることが判明しました。

その事実を知り、社内がざわつきました。製品を使用していたのはある歯科医院でした。同院は１９９１年に開業し、以降、ずっとレボリューションⅡを

愛用していたというのです。修理に伺った際
「どういうきっかけで使い始めたのですか」
と聞いたのですが、はっきりと覚えていないとのことでした。宣伝も十分でなかった時代にどうやって製品を入手したのか、興味深いところだったので残念ではありましたが、一方で、それほど昔から大切に使ってくれていたということが嬉しくもありました。

同院では、製品をアルギン酸の練和のためだけに使っていました。アルギン酸は、熟練の歯科衛生士であれば、手練和で非常に見事に練ることができます。しかし、それでは限られた人しか作業をすることができなくなるので、生産性はガタッと落ちてしまいます。アルギン酸の練和はスピードも大切ですが、歯の型を取るので、気泡が入ってしまっては正確な型が取れなくなってしまいます。何度か大学病院などを訪れた際に〝職人の手練り技〟見たことがありますが、それはまさに職人技という感じで、思わず感心して見入ってしまうほどでした。

レボリューションⅡは、この職人技を完璧に再現し、しかも誰でも短時間で同じ作業ができる点にメリットがあります。その意味で、歯科業界との親和性はとても高いと思っています。

ただ、いくら相性が良いとはいえ、30年も使い続けることができるとは、私たちも想定していませんでした。同院の医師やスタッフの方々に話を聞くうち、ようやくその理由が少しずつ理解できました。中でも

「一日に何十回も使用するわけではないし、日々の手入れと、たまに分解してメンテナンスしていたからでしょうか」

という話を聞いて、私はとても嬉しく思いました。製品に愛着を持ち、向き合ってくれていた心意気に胸を打たれたのです。

そんな同院が今回、問い合わせをするに至ったのは、製品内部に使用されているベルトが経年劣化によって切れてしまったからということでした。先生はそれでも自分でOリングを買って修理を試みたそうです。

「これまで30年、メーカーに頼らず自分で面倒を見てきたので、今更お願い

するのもなんだかなぁ、と思って……」

先生はそうおっしゃっていましたが、結局、それでも修復ができなかったので問い合わせたとのことでした。もし自身の修理で完全に直っていたら、今も私はこの歯科医院の存在を知らないままだったかもしれません。

いや、もしかしたら同じような歯科医院や企業が国内にたくさんあるのかもしれません。修理や買い替えの需要がないことは企業としては困った面もあるのですが、それ以上に、大切に製品を扱ってくれているということの方が、ものづくりに携わる人間としては嬉しいものがありました。

【事例③】精密機器業界
チップインダクタのバリ取り

私の会社で自転・公転ミキサーを開発した30年前には考えられなかった市場での需要が高まっています。それは、ＰＣやモバイル端末など、精密機器の分野です。

たとえば、チップインダクタ。インダクタとは、電気エネルギーを磁気の形で蓄えておくことができる受動電子部品です。ノートPCや携帯電話、ハードディスクドライブなどには、このインダクタのチップが多数使用されています。一つあたりの大きさは1ミリにも満たないほど小さなもので、このチップインダクタは特性維持のため一つひとつの表面に特殊なコーティングが施されるのですが、その際、コーティング剤の垂れが発生します。これがバリ（不要な部分）となるため、そのバリを取る研磨の工程が発生します。バリの取り方は製品の性質や大きさによってさまざまですが、精密機器に使用される部品の場合、とても繊細な作業が求められます。ここで役に立つのが私の会社の製品なのです。

この研磨の場合、バリがついたインダクタと一緒に研磨剤としてクルミ粉を一緒に撹拌する、という方法をとります。研磨に使用するクルミ粉は、研磨したい素材に合わせて粗さ（粒の大きさ）がそれぞれ違います。研磨剤には強度がしっかりとあって、なおかつチップそのものの性能や形状に影響が出ないものである必要がありました。天然の研磨材として使用されるクルミ粉やトウモロコシの穂芯などは、耐久性と弾力性に優れていて、バリ取りや付着物の除去などに広く使われている素材です。そこに注目し、試行錯誤していくうち、クルミ粉が一番安定した精度で研磨できることがわかったのです。

こうして採用されたチップインダクタの研磨は、次のように運用されています。

①1600個／1バッチ　対象は主に2010型チップインダクタ（2×1㎜）

②容器に1600個のチップインダクタと粗めのクルミ粉を入れ、1000rpm／7分で運転

③発熱量が多いため、常に保冷剤を入れた専用金属容器を冷凍庫に複数保存しておき、運転終了後はカップホルダーにセットし、20分冷却

④運転後は水洗いでクルミ粉と分離。さらに乾燥後、梱包され出荷
※クルミ粉と容器の使い回しは10回まで
※70サイクル／日　を目標（約10万個）24時間操業

　このサイクルを1ヶ月続けた場合のコストと、それ以降、減価償却までのプランを試算し、メリットが大きいことが明確になったことで、本格的に導入され、品質向上に大きく貢献しました。

液晶シーラント

　そのほか、液晶テレビやPCなどの液晶パネルのガラス貼り合わせ材料でも自転・公転ミキサーは活躍しています。液晶パネルは液晶層、偏光板、カラーフィルターといったさまざまな構成要素が重なっている層をガラス板で挟むようにしてつくられており、ガラス板同士を挟む際、スペーサー、AU（AG）

液晶シーラント（封止材）の活用

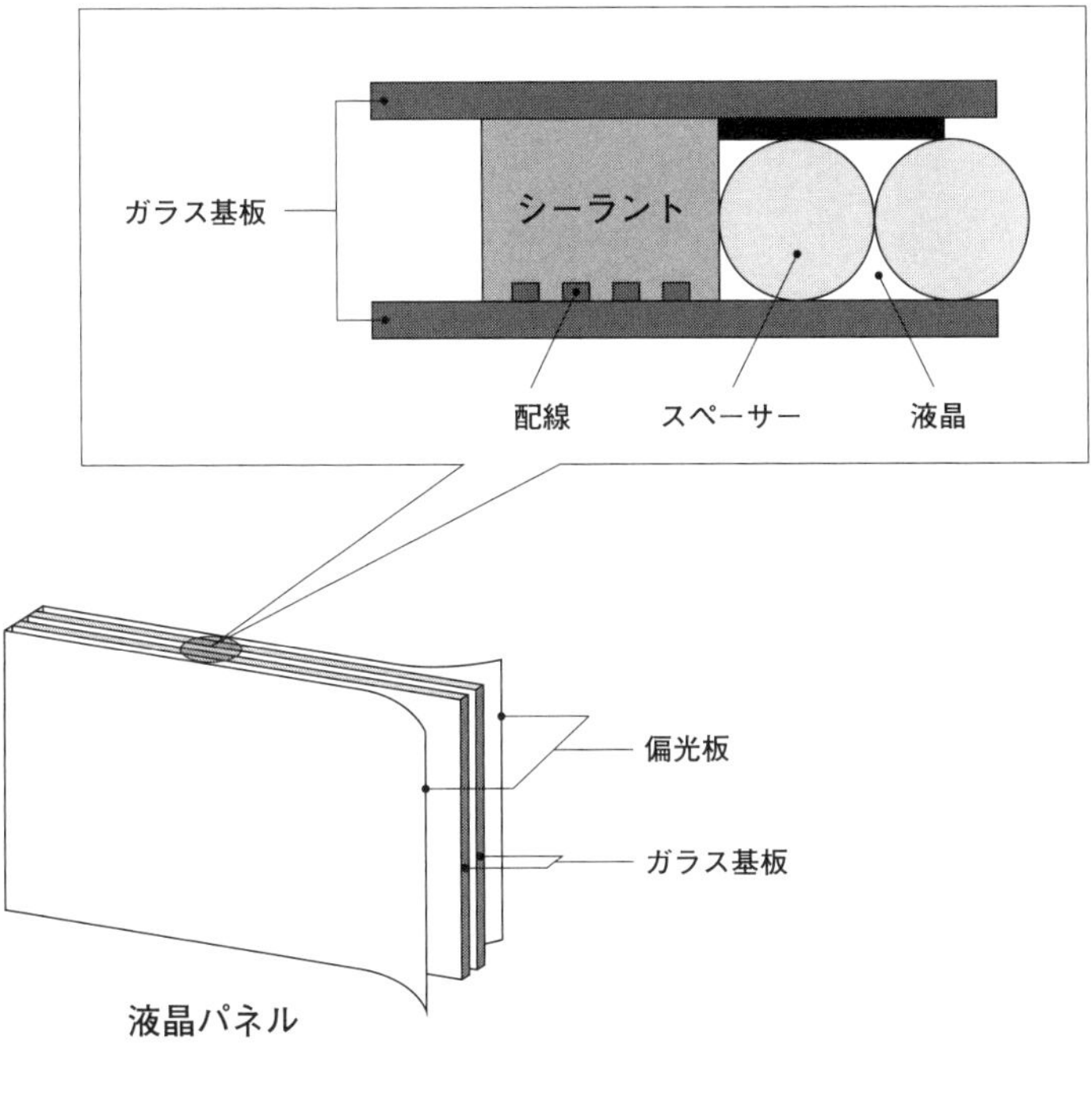

ボール、そして接着用のシーラント（封止材）といった特殊な材料が使用されます。

スペーサーは形状が異なる基板などのスペースを埋めるために必要で、AU（AG）ボールはAU（金）もしくはAG（銀）などの導電性が高い素材の微粒子を指します。それらをシーラントと混ぜて使用するのですが、ここでも空気の混入は厳禁なので、精密撹拌が役に立つのです。

また、今ではめっきり見かけなくなりましたが、ガラケー時代には、携帯電話のボタンカバーなど、携帯電話に関わるさまざまな部品の製造に役立っていました。

【事例④】製薬業界

展示会で出会った「軟膏」

私の会社は自転・公転ミキサーの販路拡大のために、市場を広げられる可能性が高いと思われる業界の展示会などに積極的に出展しています。その中には、医薬・化粧品業界の展示会もありました。2000年、医薬・化粧品を研究・製造するためのあらゆる機器、システム、技術が一堂に会するインターフェックス展に出展したのが、「軟膏」との出会いでした。

その展示会では、ほかの展示会同様、私の会社の自転・公転ミキサー「あわとり練太郎」のデモンストレーションを行っていました。そこに偶然来場していた、神戸学院大学のある教授が声をかけてきてくれたのです。

その教授は、あるメーカーと高圧乳化機の共同開発をしていて、面白い機械はないかとインターフェックス展にやってきていたそうです。そこでたまたま私の会社のデモンストレーションを見て「これだ！」と思ったとのことでした。

教授はその場で、ブースにいた担当者とディスカッションし、導入を検討し始めたとのことでした。教授自身、大学に移る前は10年間薬剤師をしていたらしく、軟膏を混ぜることの難しさは熟知していたのです。さまざまなものを混ぜようとすると、調剤に時間がとられて、ほかの業務が回らなくなる。200

0年時点でも、手練りが中心で、量によってはプロペラの撹拌機を使ったり、乳鉢と乳棒で混ぜるなど、非効率的な方法が一般的だったと言います。

そんな現場の苦労をよく知っていた教授だったからこそ、この自転・公転ミキサーの有用性にいち早く気づいたのかもしれません。

手撹拌する場合は、20g混ぜるのに、10分くらいはかかっていたそうです。当然、疲労もあるし、その間は別の仕事ができません。また、ヘラなどは毎回キレイに洗って……と手間ばかりかかっていたと言います。

研究用の軟膏づくり

教授が研究していたのは皮膚に密着させて使う製剤「経皮吸収製剤」という分野でした。その製剤をつくるために軟膏をつくる必要があったようで、その軟膏づくりに課題を感じていたとのことです。

具体的には、教授はリドカイン（局所麻酔薬）の経皮吸収をテーマに研究をしていました。子どもたちに注射をするときに、麻痺させて痛みを軽減するためのものです。今は製品にもなっていますが、当時はまだ実験段階で、そのためにリドカインを含む軟膏をつくる必要があったのです。

リドカインは粉状のもので、溶剤に溶解させ、それを基剤にして混ぜる必要がありました。自転・公転ミキサーを導入する前は、いったん温度を上げて溶解し、それを冷やして固めるのですが、その段階で分離してしまうこともあったので、常に手でぐるぐるとかき混ぜておく必要があったとのことです。その手間のかかる作業が、トータルで20分、しかも、誰でも簡単にできるわけではない点も、悩みの種だったと言います。

それが、自転・公転ミキサーであれば時間はおよそ30秒。しかも、当然ですが、誰がやっても同じクオリティの軟膏をつくることができる。研究所に小さな革命が起きたのです。教授は、塗りやすさや気泡がないことによる滑らかさに大きな違いがあると喜んでくれました。

教授とは今も良いお付き合いが続いています。私の会社で、研究機関や調剤薬局などで活用できるミキサー「なんこう練太郎」が誕生し、全国で活躍するようになったのも、この出会いがあったからだと思っています。

手痛い失敗を経験

なんこう練太郎は、インターフェックス展での素晴らしい出会いがあったことがきっかけとなり誕生した製品です。しかし実は、私の会社はそれより前に、この軟膏という素材で手痛い失敗を経験していました。

それは、なんこう練太郎の原型であるあわとり練太郎が誕生した当初にまで遡《さかのぼ》ります。私たちはようやく製品化にこぎつけた自転・公転ミキサー、あわとり練太郎の用途について連日会議をしていました。どのような分野に進出し、販路を拡大するべきか、さまざまな意見が挙がっていました。その候補の一つに、軟膏もあったのです。

営業担当は早速薬局に飛び込みました。そして、それまで数分間かけて手で軟膏を練っていたスタッフさんたちの前で、精密撹拌の実演をして見せました。製品には絶対の自信があったので、きっと喜んでくれるだろうと思っていました。案の定、撹拌後の軟膏の出来栄えを見た現場からは「おおー」と歓声が上がりました。変な表現ですが、ここまでは「いつも通り」でした。

しかし、ふとオーナーの顔を見ると、眉間にシワが寄っているのです。担当者がなにかを察して「……いかがでしょうか」と尋ねるとオーナーはこう言いました。

「たしかに、手で混ぜるよりキレイに撹拌できています。時間も短い。でも、量が減っているじゃないですか。これではお客さんから『少なくなった』とクレームが来かねません」

「量が減っている？　そんなはずはないかと……」

担当者が慌てて手練りの軟膏とあわとり練太郎で撹拌した軟膏を見比べてみると、確かに、あわとり練太郎で撹拌した軟膏は、手練りのものと比べて量が少なく見えます。

「あれ……」

担当者も現場にいた人たちも目を丸くしました。

結論から言うと、量は変わっていません。むしろ、増えているとも言えます。しかし、見た目には減っているように見えるのです。その理由は「気泡」です。手攪拌だとどうしても気泡が含まれてしまい、容器に詰めた際にはふわっと膨らんでたくさん入っているように見えます。それに対してあわとり練太郎では脱泡されているため、容器に入れた際にその分量が少なく見えていたのです。むしろ増えている、というのは、もともと一つの容器に入れる予定の軟膏の材料は決まっているのですが、手練りで空気が入ってしまった軟膏は容器に収まりきらず、ヘラに残ったり、まな板の上に残ったりしてしまいます。その点、あわとり練太郎であれば、ヘラやまな板に材料を残すことなく、きっちりと決まった量を混ぜ、容器に収めることができるので、微々たる量ですが、増えることはあっても減ることなどありえないのです。

しかも、脱泡ができていることで、酸化を抑制でき、長持ちさせることができるほか、質感はよりなめらかで、作業者による差異もありません。実はメリットだらけなのです。

それでも「パッと見の量が減っているように見える」という理由でその薬局では結局採用されませんでした。私たちは落胆したのですが「こういうケースもあるのかもしれない」と思うことにして、なんとなく断念してしまっていたのです。

その後、インターフェックス展でその可能性を見出してくださった教授に出会えたことで、結果的に軟膏の分野でも成功を収めることができましたが、もしこの出会いがなければ、もしかしたら今も業界の常識は昔ながらの職人による手練りだったかもしれません。

【事例⑤】宝飾業界

品質を突き詰めるハイブランドからのオファー

私はあまり詳しくない分野なのですが、ファッションブランドやアパレル市場などにも自転・公転ミキサーは有効です。品質を追求するハイブランドの部品一つひとつ、塗料や素材の撹拌にあわとり練太郎は最適だと言えます。たとえば私の会社では、精密部品の集合体とも言える腕時計ブランドとのお付き合いがあります。

ロレックス、ウブロ、オメガといったブランドを数多く輩出するスイス。まさに「時計の国」として年に一度、バーゼルワールドやジュネーブサロンといった世界中の時計好きが集まる見本市や即売会が開かれることでも有名です。

私の会社とお付き合いがあるのは、そんなスイスで生まれ、世界中に愛好者がいる宝飾品ブランドです。創業約30年という、比較的新しいブランドですが、時計やジュエリーなどの制作を行っています。

私の会社の技術が使われているのは、主にジュエリーに使われているガラス質の塗料です。従来は釉薬を用いた七宝焼きの手法でつくられていたそうです。

このような業界に明るくなかった私にとっては、興味津々な話題でした。詳しく話を聞くと、なんと多くのブランドのジュエリーは同じような製法であることがわかりました。また、ジュエリーだけでなく、海外のカーブランドなどのエンブレムもほぼ同じ製法であるとのこと。東京銀座のブランド通りといえば、昔から縁遠い場所だと思って通り過ぎていたのですが、そんな場所に実は潜在ニーズを抱えているお客様候補がたくさんいることに気づいたのです。

こうした業界では、製造業のように作業の効率化や生産性の向上に意識が向いているというよりは、多少時間がかかったとしても、とにかく質のいいものを丁寧につくることに価値を置いているというイメージがあります。一つひとつの作業に職人技が求められるようなシビアな世界ですが、自転・公転ミキサーによる精密撹拌はこうした業界でも認められました。

【事例⑥】美容・化粧品業界

オーダーメイド化粧品需要

精密撹拌の技術が活かされる場は、化粧品分野にもあります。既存の化粧品でなく、一人ひとりに合ったスキンケア製品を提供している企業とご縁をいただいたのですが、この会社では、来店者の肌を細かくチェックし、一人ひとりのフェイスカルテを作成します。そのうえで方向性を決め、ユーザーと一緒に最適なスキンケア製品をつくり上げていくのが特徴です。

また、もう一つの特徴として、デパートなどのイベントや展示会などでの受注・販売を中心に活動をしている点が挙げられるのですが、現場ですぐに製品をつくる際に、私の会社の製品が役立っています。ご縁をいただいたこの企業の社長は、これからのスキンケア製品は「選ぶ」のではなく「創る」時代になると捉えているため、「その場で、オーダーメイドの化粧品をお客様に提供する」という需要を満たすためにスピードが欠かせないのです。

　また、あわとり練太郎は小さな冷蔵庫ほどのサイズで、店頭に設置しても違和感がありません。店頭で販売するタイプの店舗では、あえてお客様に撹拌している様子が見えるよう、ガラス張りのラボのような雰囲気を演出しています。あらゆる意味で使い勝手が良いミキサーであるとして、国内外の多くのサロンで利用してもらっています。

　これは、あわとり練太郎のメリットを活用して、新しいビジネスを生み出した事例です。既存ビジネスを効率化することとは違い、費用対効果を出すことは難しいところですが、店舗の売上が順調に上がっていること、海外展開していることから、一定のお役には立てたのではないかと考えています。

【事例⑦】医療業界

心臓＋肺の役割を担う「人工心肺」

医療の歴史は、常にその時代における技術の粋が集まってつくられてきました。医学と科学は一体となって発展してきたといっても過言ではありません。そんな医療の発展に、私の会社のミキサーが役立った事例があります。それが、人工心肺の分野です。

人工心肺とは、その名の通り人工的につくられた心臓と肺の役割を担う装置のことです。心臓の手術を行うとき、心臓を一時的に止める必要がある場合は、心臓を止めている間、全身に酸素を含んだ血液を循環させる必要があります。その補助手段が人工心肺というわけです。

もともと、人工心肺は１９３４年にアメリカの総合病院の研究員であったジョン・ギボンという人物が発案した装置だとされています。しかし、彼は自身で開発した人工心肺で人命を救うことができなかったことから、業界から身を引きました。

ただ、その後も人工心肺の開発は進み、1955年にやっと実用性の高い人工心肺が完成し、現在もなお改良が続けられています。現在の人工心肺は、ギボンが発明したものと比べると格段に品質が向上しているのですが、そんな最先端の装置の中に私の会社の技術が採用されているのです。

具体的には、人工心肺の「肺」の部分です。人工の肺は「中空糸」と呼ばれる糸が使用されています。中空糸は、一本一本にストローのような空洞があり、壁面にはさらに細かいミクロ単位の穴が空いています。このストローの部分を酸素が通り、糸の外側に血液を当てることで酸素と二酸化炭素を交換する役割を担っているのです。

人工肺はこのような中空糸の束が包帯のように巻かれている形状となっているものです。人工肺そのものがとても繊細なつくりになっているのですが、この人工肺を接着剤で装置に固定しなければ人工心肺は完成しません。その接着剤に私の会社の技術は使われています。

具体的には、人工肺の上部3㎝ほどを接着剤で固定するのですが、このとき、細い一本一本の中空糸の穴を塞がないように接着剤で埋めなければならないのです。もし、接着剤に気泡が混入していると、血液が装置外に漏れ出たり、血液に空気が入ったりしてしまいます。たった一つの小さな気泡が、人の命を奪ってしまうきっかけになるかもしれないのです。そう考えると、人工心肺のメーカーはいい加減な精度の製品を使うわけにはいきません。精密撹拌を行うミキサーの類似品はいくつか市場に出回っていますが、そんな中で私の会社の製品を信頼し、使い続けてくれていることに誇りを感じます。

故障率が極端に少なく、買い替え需要がないことは、企業としては「困ったな」と思う部分も確かにありますが、それは巡り巡って信頼の証となり、新たな需要を生み出すことにつながっているので、これからも長く使ってもらえるものをつくらなければ、と思います。

中空糸の構造

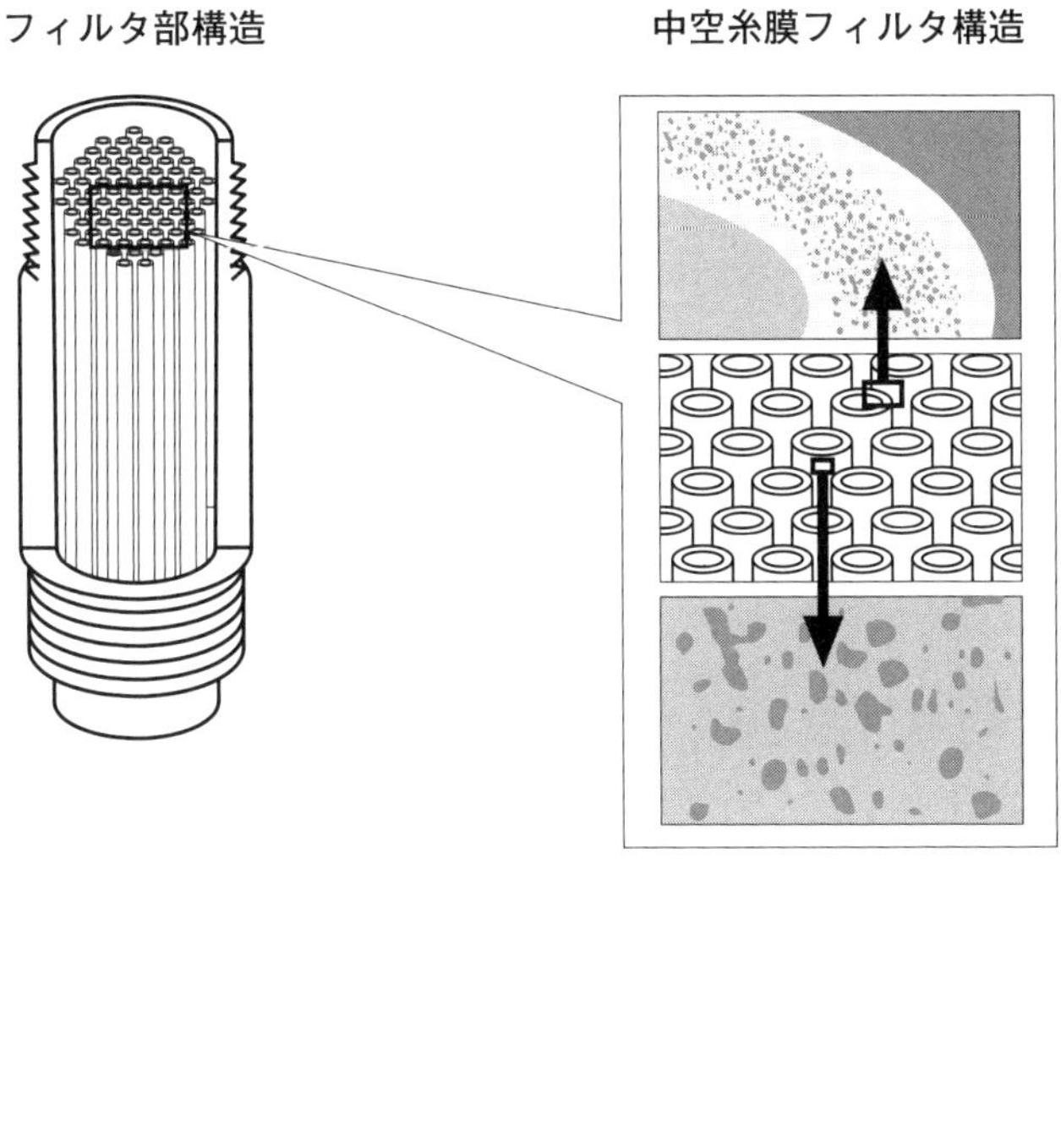

【事例⑧】玩具業界

触感を楽しむスクイーズ玩具

20代の女性を中心に人気のスクイーズ玩具。スクイーズ玩具とは、ぷにぷにしていたり、すべすべしていたり、さまざまなタイプのものがあるのですが、共通しているのが触感を楽しむということです。心地よい肌触りが、疲れを癒やしたり、ストレスを軽減したりするので、デスクワークのＯＬが仕事の合間に遊ぶのに丁度いいということで、ヒット商品となりました。

あわとり練太郎を導入してくださったその企業では、ウサギやヒツジ、トラなどさまざまな動物を象《かたど》ったスクイーズ玩具の企画・製造・販売を手掛けています。同社の商品のつくり方は、まず手書きのスケッチから始まります。そのスケッチをもとに３Ｄプリンターで樹脂の型をつくり、その原型からシリコン型を作成、材料（樹脂）を流し込んで固めます。材料が固まったら目や口など必要な部分に一つひとつ手作業で色付けをしていきます。

あわとり練太郎は、この材料を流し込む作業の前に登場します。すべて手づくりなので、一度に加工する数には限度があり、1回で100㎖程度の材料を撹拌します。それを一日に15～40回に分けて行っているとのことでした。材料の撹拌以外にも、手撹拌では難しい特殊な白い顔料を混ぜる際にも利用してもらっています。

あわとり練太郎と出会う前は、手撹拌で材料を混ぜていたという同社。撹拌後に泡が残ってしまうことが大きな問題となっていました。質感が売りの商品でありながら品質にバラつきがあっては困るため、特に気をつけていたようです。そうなると当然、撹拌できる人も限られてしまいます。特に同社では、スタッフの多くは美大生であることから、どうしても入れ替わりの時期が生じてしまい、新しい人が入っては撹拌のコツを教育し、やっと安定的に作業できるようになったら就職などで抜けてしまう……という悪循環に陥っていました。

さらに、慣れない人が丁寧に手撹拌を行ったとしても時間がかかってしまい、生産性の面でも問題がありました。熟練のスタッフだったとしても、わずかな量を撹拌するだけで1分半くらいの時間がかかっていたそうです。

あわとり練太郎を導入したことで、作業時間は短く、生産量は多くなり、新入りのスタッフでも均一の精度で材料の精密撹拌が可能になりました。この点が最もプラスになったと評価をいただきました。そして、同社ではミキサーの製品名「あわとり練太郎」から練太郎と記した名札を作成し、ミキサーに取りつけてくれるなど、スタッフの一員という位置づけで日々の業務に役立ててくれています。

現在、有名ブランドとのコラボレーションをいくつも実現している同社のラインナップは500近くになっています。あまりにも人気商品となり、100円ショップなどで模倣品が販売されていた時期もありますが、そのような製品とはクオリティが段違いなので、すぐに模倣品は撤退し、順調に売上を伸ばしているようです。

【事例⑨】福祉業界

リアリティを追求した義肢

自転・公転ミキサーの活用の幅広さは、私の想像を遥かに超えています。当初は歯科業界のアルギン酸を撹拌するために開発した製品でしたが、今では、宇宙航空産業から玩具メーカー、化粧品、食品とあらゆる業界で役立てられています。

こうした用途の広がりは、技術の革新によってこれまでできなかったことがどんどんできるようになったことによるものだと思っています。その結果、思いもよらない市場からオファーを受け「そういう用途もあったのか！」と驚くことが私の会社ではよくあります。

特に印象的だったのが、義肢の市場です。義肢と聞くと、手や足などの四肢のどこかの部分が失われた患者に代わってその機能を補うための補助器具というイメージがあると思います。私も、あくまで補助的な役割しかないと思っていました。もちろん、リアルなものであればそれだけ利用者に「義肢感」を与えない点でメリットはあるのだろうと理解はしていたのですが、極端な話、義肢そのもののクオリティよりも失った機能を正確に補うことの方が重要なのではないかと思っていたのです。

ところが、私の会社にきたメーカーが手がけようとしている義肢は、義肢そのもののクオリティが驚くほど高かったのです。どの程度のクオリティかと言うと、義肢と実物を並べても、全く見分けがつかないほどです。

なぜそれほどまでにリアリティを追求した義肢が必要なのかと、最初は疑問に思っていました。義肢のリアリティを追求しすぎてしまって機能面に支障が出るのであれば、本末転倒なのではないか、と。しかし、メーカーから説明を受けてなるほど、と完全に腹落ちしたのです。

義肢は私が想像していた以上に、つくり手にも利用者にもデリケートなものだということがわかりました。特に、利用者の家族や友人などは四肢を失った当事者に対して深い悲しみと哀れみを抱いています。

本人はもちろん、周囲の人たちにとっても、失われた部位にはたくさんの思い出が詰まっているものです。メーカーの代表者は私にそう教えてくれました。また同社では、たとえば義手であれば、形状はもちろん、爪やしわ、血管やシミに至るまで、細かくヒアリングしたり、部分的な写真だけでなく、顔写真や全身の写真なども参考資料として預かった上で制作することを信条としています。

同社では、リアリティとは、単純に見た目だけではないと考えています。たとえば指一本でも、そこには人生が込められていて、利用者がどんな生活をしていて、どんな場面でよく使っていたかを知っているか知らないかで、できあがりは大きく変わるのです。ヒアリング中も依頼者の仕草や顔、体の動かし方を細かくチェックし、その人の日常をイメージして義肢を制作します。

「お父さんの手だ!」と利用者の家族が驚きと喜びの表情を浮かべたら、その仕事はうまくいったと感じるそうです。それが、プロの仕事なのです。

最先端義肢の役割

そうしたプロの仕事を遂行する上で、私の会社の製品が役に立つと判断してくれたようでした。利用されているのは主にシリコンの色づくりの段階です。リアルな義肢は多様な色のシリコンを重ねてつくられています。デザインやアートの知識がある人はわかるかもしれませんが、一口に肌の色といっても、単純に「肌色」だけではありません。皮膚の奥を這う血管の色、関節部分の色、もっと言えば、そもそもの皮膚の色も人によって微妙に異なります。全員に当てはまる「肌色」などは存在しないことが容易に想像できます。そういった微妙な色の違いを精巧に表現するために活用してもらっています。

また、シリコン素材は手攪拌だと気泡を除去するのに1週間程度かかっていたそうです。あわとり練太郎を使うことでその必要がなくなり、生産性がアップするのです。クオリティの面でも役に立っています。シリコンの強度を上げるために粉を混ぜるのですが、この作業は熟練の職人でもムラなくつくるのはなかなか難しいらしく、均一に仕上がるミキサー処理にしたことで、作業時間の短縮、業務の効率化が実現したとのことでした。

「少ない人数でさまざまな仕事をこなさないといけない中小企業や個人事業主には本当におすすめですよ。混ぜることはミキサーに任せてほかのことをする時間が増えますから」

と同社の社長は言います。また、

「義肢づくりはとにかく集中力が必要な仕事です。集中している時間には限界があります。徹夜で良いものはできないですしね」

と、自転・公転ミキサーをうまく活用してスタッフの負担を減らし、空いた時間を新しい事業や研究に投資することができる点も、メリットであると評価してくれました。

動かせる義肢

そんな同社が取り組んでいるのが「動かせる義肢」の製作です。元はアメリカで開発された技術なのですが、日本の公的支給の対象にする登録や提案、迅速なメンテナンスができるように5年ほど研究開発し、同社が日本での正規製造元になりました。

中小企業である同社では、専門の研究職員を雇うほどの余裕はないとのことでしたが、産学連携で大学などの協力を仰ぎながら、改良研究を続けています。

同社の社長は

「つくり手として感覚でわかっていた部分も、大学の先生などに相談すると具体的な数値や数式で答えを出してくれます。また、製作者と研究者ということもあり、マニアックな話も通じるところが多く、良い関係を築けていると実感しています」

と、活用できるようになった時間を有意義なものとし、さらなる高みを目指すことができています。

【事例⑩】番外編
非常識なセールスで信頼を勝ち取る

これまでの事例で紹介した通り、私の会社では、相手企業の規模にかかわらず、どんなお客様にも全力で対応し、課題を一つずつ解決することで信頼してもらっています。

ただ、論理的な経営をしていない私の会社です。セールスのスタイルも個性的だと言われています。お客様から「おたくのような会社は今まで見たことがない」と言われたことも一度や二度ではありません。

そこで、事例紹介の番外編として、私の会社の個性を象徴したセールスエピソードを一つ紹介します。

これは、1995年から2000年にかけて、5年にわたる話です。

当時、初代「あわとり練太郎」は大手商社と年間約300台の総代理店契約を結び、一見順調な販売を続けていました。

ところが3年ほど経過した1998年、突然商社から
「おたくの製品はもう引き取れない」

と一方的な通告を受けました。当時の営業担当が商社の担当者に問い合わせると、どうやら倉庫には大量の「あわとり練太郎」の山があるらしく、この在庫がゼロになるまで次の納品は引き取れないと言うのです。

順調に販売されていると思った製品は、実は大量にストックされたままだったのです。当時は社会的に構造改革が盛んに行われ、その一環として在庫ゼロ運動が起こっていました。とはいえ、その商社とは総代理店契約を結んでいるので、「引き取らない」というのはもちろん契約違反となります。

ところが、私たちがいくら契約違反だと申し立てても
「引き取れないものは引き取れない」

の一点張りでした。総代理店契約という安定した販売契約で資金繰りも順調に推移していた矢先の出来事だったので、私は困ってしまいました。契約上私たちは総代理店以外には製品を卸すわけにはいきません。そんなことをしたらそれも契約違反です。

「相手が先に違反をしようとしているのだから、うちだって良いじゃないか」という意見もありましたが、私はそれをよしとしませんでした。たとえ相手が倫理に反していたとしても、自分の信条を曲げるようなことはしたくなかったのです。

「このまま何ヶ月もこの状態が続いたら倒産もありえる、ほかの販売手段を考えなくては……」

と私は一人苦悩していました。顧問弁護士などにも相談しましたが、解決の糸口は見つかりません。どうにかこの状況を好転させる方法はないものか、と私は脳への質問を繰り返していました。

しかしその間も、製品はつくり続けなければならないのに、卸す先はなく、従業員たちにも不安が広がっていました。彼らの生活を守る責任がある私は、リミットが迫る中、ついに一つの回答を得ることができました。

それが、OEMでした。

「今のあわとり練太郎（MX-201）ではない、新しいミキサーを仕立ててOEM販売する」

違う製品をOEMで販売するならギリギリ契約違反にはならないと考え、苦渋の決断ではありましたが、会社を守るための方法としては、これが正しい判断だと思いました。

「どこにOEMするのですか？」

そう尋ねてきたのは、営業担当の浦野でした。私は浦野に、測定器で業界最大手のメーカーの名を伝えました。その企業の名前を出すと、浦野の表情は曇りました。

それもそのはずです。通常、OEMが成立するのは、OEMを受ける側の企業が「あなたの会社の製品が気に入ったので自分の会社のブランドとして販売させてほしい」という流れが一般的でした。それを、「うちの製品をＯＥＭするので、あなたの会社で販売してほしい」などと虫の良い提案をすることは、常識的には考えられない話でした。まして、私が選んだ相手は東証一部上場の業界最大手メーカーです。そんな大会社が、聞いたこともないミキサーの取り扱いについて、二つ返事でＯＫしてくれるわけがありません。

「その会社にお知り合いでもいらっしゃいますか？」

浦野が私に詰め寄ります。

「知り合いはいないが、その会社が販売してくれることで、あわとり練太郎は世界中の人に知ってもらえるし、その会社自体の信頼性も上がる。ここ以外には考えられない、成約してほしい」

と私は言いました。その言葉に、浦野は腹を決めてくれたようでした。

とはいえ、その大手企業との接点は、ある展示会で私の会社のブースに立ち寄っていただいた方の名刺、たったの一枚。

「ここから入るしかない」

と思った浦野は、早速思いの丈をその名刺に書かれた電話番号にぶつけました。

「話は聞きましょう、でも可能性は薄いですよ」

名刺の担当者は冷たい返事です。

OEMを依頼しようとしている大企業の本社は新大阪駅に近く、当時、新幹線のホームからそののっぽビルが見えました。広いロビーには人影がなく、オーナーの趣味なのか、ヨーロッパ調の品の良いテーブルとチェアが整然と並んでいるだけでした。

同社の性質上、雑多な売り込みや打ち合わせはほとんどないようで、私の会社のような売り込みはとても珍しく、それが面会に至るポイントだったようです。

シンと静まりかえったテーブルで担当者は浦野の話に耳を傾けてくれました。

「それでは調査を進めてみましょう」

面談が終わってみれば、まんざらではなさそうな反応となりました。ただ

「一番難しいのは比較対象がないことです」

と担当者は言います。浦野はそこが狙いだと説明したのですが、既存のミキサーのデータなど、私の会社のような中小企業にあろうはずはありません。それでも何度も呼び出され、対象分野、メリット、デメリット、実例などを聴取されます。実機でのデモンストレーションも何度も行い、貸し出して分解もされたようです。

そんなことを繰り返し、話が煮え切らないまま3ヶ月近くが経ちました。その間も、私の会社では総代理店の商社に製品が引き取ってもらえないままでした。そんな状態でも、私たちはなんとか掴みかけている望みを頼りに、後継機の開発に身を注ぐしかありませんでした。

浦野は、先へ進まない話に業を煮やしはじめていました。そしてついに
「いい加減に結論を出してほしい」

と最後通告を出しました。私としては、浦野がこれだけ真剣に向き合った末にとった行動だったので、黙って結末を見届けることにしていました。浦野は

先方の担当者に、こんな風に切り出しました。

「もう検討開始されてから3ヶ月近く経ちますね。会社では次の後継機の開発が大詰めまで来ていて、それをあなたの会社のOEMに投入したかったのですが、そちらはどうもその気がなさそうなので、私たちも違う方法を考えたいと思います。これでお話を終わりにしませんか」

すると担当者は顔色を変え、上司に確認を求めに行きました。するとすぐに、その担当者の上司から私の会社へ、挨拶訪問したいと意志を伝えられました。

一週間後、担当者と上司は私の元にやってきて、こう告げました

「御社の装置は当社の業態に合わないので、話はなかったことにしてほしい」

もともとセンサーなどの商品が主力製品の会社でしたので、「混ぜる」という異分野の製品が営業形態に合わないと判断されたようです。

わざわざ大阪から東京まで出てこられるとのことだったので、半ば期待をしていた私と浦野は顔を見合わせてしまいました。

半年後のリベンジ

私は浦野のもとを訪れて言いました。

「あれから半年が経って、ウチはだいぶ変わったよね」

「そうですね、後継機の開発もかなり進みましたね」

半年、と聞いて浦野は破談になったOEMの話だと察すると、お茶を濁すように答えました。私はそこで、浦野に告げました。

「きっと相手の会社も変わったに違いない」

浦野にとっては、衝撃の一言だったようです。一瞬、「なにを言っているんだ」という表情を見せましたが、浦野はすぐに私がまだOEMを諦めていないということを察してくれました。そして、

「社長、半年と言っても断られたのはちょっと前のことですよ」

と私に言いました。浦野の体内時計では、半年前はほんのちょっと前の出来事だったようです。浦野はこう続けました。

「それってもう一度頼み込めということですか？　つい先日断られたばかりですよ、変わっているはずがないですよ」

浦野は率直に思いをぶつけてきました。

「私はイヤですよ、あまりに早すぎます」

浦野の反応は自然なことだったのかもしれませんが、私はそうは思っていませんでした。直感的に、今、このタイミングであれば半年前とは違う結果になるはずだと思っていたのです。私は浦野に提案しました。

「そうか、君はもう一度チャレンジするのがイヤなのか。では、会うのがイヤなら手紙を書いてくれ、ただしワープロは使わずに直筆でな」

そう伝えると、浦野は渋々筆をとり、ほとんど私の思いを手紙にしたため、投函前に私に見せてくれました。私は
「これで良い、投函してくれ」

と、浦野に手紙を託しました。

当時、私の会社はまだ大阪に営業所を持っていなかったのですが、比較的引

き合いの多かった関西に、浦野は月に何度も訪問営業をしていました。

浦野は「しばらくはあの会社には行きたくない」と言っていましたが、せっかく手紙まで書いたのだから、関西に出かけたついでに訪ねてみよう、と思っていたようです。後から聞いた話ですが、実は浦野は手紙をポストに投函せず、直接その会社に持って行ったとのことでした。

アポ無しでもあり、受付で担当者を呼び出すと、案の定「おつなぎできかねます」との返事でした。浦野は持参した手紙を受付に渡し、担当者に渡してほしいと頼んでその日は撤退しました。

翌日、担当者から電話が入ります。

「わざわざ来てくれたのですね、でも先日上司がお断りしました通りで、つい先日の出来事ですので変わりようがありません」

と、改めて断り文句が並びます。

しかし、ここでの浦野の対応が明暗を分けました。浦野は担当者に対して

「そうですよね、私もそう思っています、本当はこんなに早く蒸し返したく

なかったのですが、ウチの社長が半年で自社が変わったのだから、絶対に御社も変わっているからと、諦めていないようなのです」

と私のせいにして話をつなげます。すると担当者は

「面白い社長さんですね、社長さんがそこまで思いを込められているとは……」

ちょっと間が空きました。浦野はここで空気が変わったと感じたそうです。

「もう一度最初からやってみる気はありますか？　ウチの事業部は事業部長が答えを出したのですから、流石にもう無理です。でも、違う事業部なら違う結果になるかもしれません。ちょうど私の同期がその事業部にいます。彼を紹介しますから、最初からやってみてはどうでしょう？　一からですから大変かとは思いますが……」

浦野は一瞬、私の顔が思い浮かび、意識より先に

「是非紹介してください」

と懇願したそうです。

「あとで簡単に経緯は話しておきますね。あ、でもあまり期待しないでください」

と念を押されつつ、その担当者の同期を紹介してくれました。

浦野から報告を受けた私は、すぐにその方を訪問しました。今度は本社ではなく、大阪府高槻市にある、こぢんまりした営業所でした。

担当者は熱心に話を聞いてくれましたが、肝心な部分は同じように進みませんでした。気がつけばまた3ヶ月近く経っていて、結論が得られないまま、とうとう同じ切り札を出すことになりました。

「話は堂々巡りですし、御社は結論を出せそうにないので、我々は違う算段を考えます。話はなかったことにしてください」

今度こそ、本当に別の方法を探すしかない。私にどう報告しようか、と浦野は考えていたそうです。ところが、そう言い残して帰りかけたとき、事業部長が現れこう言いました。

「実は、報告は一番最初から受けていました。私はオーナー社長が怖くて、話を持ち出せませんでした。申し訳ありません。御社がこの話から降りられると聞き、いよいよ私も腹を決めなければならないと思いました。私からオーナー社長に掛け合ってきますから、一週間時間をくれませんか」

浦野は平静を装いながらも、内心ホッとしていたのだと思います。もちろん、私たちには断る理由はありませんでしたので、浦野は一言
「わかりました」

と答え、その日は帰りました。そして一週間後。

「浦野さん、あの話、決まっちゃいましたよ～！　それで、すぐに技術担当者を連れて来てほしいのですが……」

と先方も拍子抜けしたような言い方でした。これでようやく話が進む。と、ここまではいいのですが、大変なのはその後でした。

連日のように技術部隊が大阪を訪問し、外装デザインの打ち合わせが進められました。中身はもともと私の会社が開発していた後継機種のものを流用する形で、すぐに生産を始めました。

着々と発売準備が整い、価格交渉も順調に進み、販売スケジュールが示されました。

ハードなスケジュールでしたが、あまりにトントン拍子にことが進んでいくので、私はビックリしていました。

その会社では、新しい製品を販売開始月に30台、翌月以降は毎月50台を販売するというのです。今まで多くても月に10台がやっとでしたから、本当に大丈夫なのか？　という思いもありました。戸惑っているうちに毎月注文が入りました。

「在庫が無くなるまで受け入れない」と言われた商社の言葉がよぎり、私も浦野も、どんどん増え続ける注文数を不安な気持ちで見守るしかありませんでした。

あるとき、我慢ができなくなった浦野が、担当者に「本当に売れているのか」と尋ねたことがありました。すると担当者は笑顔で答えました。

「私の会社には在庫を保管しておく倉庫などはありません。お客様が購入を決めてくれたものしか発注していないので、心配ご無用です」

この言葉で、私も安心しました。しかし、どうしてほとんど同じ製品なのに、前の商社では在庫が山積みになって、こっちではこれ以上ないほどに売れているのか、今度はそこが気になった浦野は、改めて担当者に尋ねました。

どうやら、同社ではお客様の「どの工程に」「どのように使えば」「どのように改善されるか」というソリューションをすべて示し、お客様が抱える課題を確実に解決しているから購入されている、とのことでした。浦野はこの話を聞いて、一流の営業哲学を学んだと話していました。

大手企業と開発した製品は、初代あわとり練太郎と比較すると格段に改善・改良されています。しかしそんなミキサーであっても、機構部品は時期がくれば摩耗しメンテナンスが必要となります。そんなとき、メンテナンスの問い合わせが大手企業に入ると、そこから私の会社に依頼が入ります。

その中で、あるお客様からのメンテナンス依頼が、いつもの流れで私の会社に回ってきたので、早速メンテナンスに向かいました。

「シンキーのミキサーはしょっちゅうベルトが切れるから、こんな大手から同じようなミキサーが発売されたと聞いて、飛びついたんだけど、これもおたくがつくっていたのか。だけど今度のは良くできているね。これなら満足だ」

とお客様は話してくれました。実はその方は、以前私の会社にクレームの電話をしたことがあり、さんざん電話で怒鳴り散らしておきながら、結果的に追加注文をいただいたというお得意様だったのです。

大手企業から学ぶ

大手企業とのOEMが始まって2年ほど経過した頃、突然同社から

「OEMを終了したい」

との話がありました。また問題発生です。せっかく良い調子で販売が続いていたので、浦野が理由を尋ねると

「信頼性を損ねるようになったから」

との返事でした。どうにも話が見えません。運転中に部品が外れて飛んでしまい、人を傷つけたのかと思い心配すると

「そういうことではなく、お客様からもっと大きなミキサーがほしいと要望が入るようになったのだが、ウチにはそのような大きなミキサーはないのでお客様の要望に応えることができない、ウチはお客様の要望に応えられない場合、信頼を損なったと判断するんです。だからお客様の要望をかなえられないなら止めるべきだ、と判断するんですよ」

私はそれを聞いて、悔しいという思いよりも、そこまでお客様のことを第一に考えている企業理念に驚かされたという思いを強く抱きました。この姿勢は私の会社でも見習わなければなりません。

ただ、当時私の会社には、製品として卸していた製品の10倍くらいの処理量のミキサーが存在していたので

「そういうことなら是非それを取り扱ってください。そうすれば解決するでしょう」

と持ちかけました。しかし担当者は
「実はウチにはいくつか営業の制約がありまして、一人一台の営業車で、25kgまでの取り扱いという枠があるんです。御社の大型ミキサーはその営業枠を外れてしまうんです」

とのことでした。

「でも……ほかの取扱商品で重い物もあるのではないでしょうか」

と食い下がりましたが
「ほかの商品はいくつかに分割可能で、それぞれが25kg以下になるのでOKなのですが、御社のミキサーは分割できませんよね。私たちもあれこれ策がないか考えたのですが、結果としては、思い切って終了することにしたんです」

と悔しそうに話していました。ここまで考えた上での結論なのであれば、もう仕方がありません。

そうして大手企業とのOEMミキサーは惜しまれながら販売を終了しました。その後の販売はというと、落ち込むのかと思いきや、翌月以降も毎月50台のペースは落ちず、むしろペースアップしていきました。

大手の取引実績、知名度、営業力は半端ではありませんでした。私たちもそのスタイルから学ぶことが多く、営業の起爆剤になりました。加えてその大手企業との卸値販売から、定価近くで私の会社が直販できるようにしたので、利益率は向上し、その後の改良・改善設計にも良好な会社経営が可能となりました。結果的にこの一件が、私の会社の経営を最良の形に押し上げたのです。

第4章

ピンチをチャンスに変える「直感経営」こそ中小製造業が今選ぶべき道

中小製造業に「我慢の時期」などない

「新型コロナウイルスの騒動が落ち着くまで」
「今は取引先の業績が悪い」
「ものが売れないから仕方ない」
など、現在はなにかをしないための理由に溢れています。ゆえに、経営者は「今は我慢の時期だ」と考えてしまいがちです。今後の見通しが立たないため、利益を確保するために投資を控え、守りの経営に徹しているのです。

しかし、私は全く逆だと思っています。

厳しいようですが、これまで通りの経営を続けていればコロナショックがあろうがなかろうが立ち行かなくなっていくのは目に見えています。だからこそ、皆横並びでピンチを迎えている今、どう動くかで生き残れるかどうかが決まるのではないでしょうか。今こそ、チャンスなのです。

国内の中小製造業は大きな岐路に立たされています。これまでのノウハウを活かし、時代に合わせて進化をするか、それとも、これまでのノウハウにしがみつき、いつか市場が元に戻ってくれるのを待ち、じっと耐えるのか……。選択肢はそう多くありません。

求人活動は困難を極め、どの企業も学生向けの企業説明会に積極的に参加したり、自社の採用サイトの強化や、求人広告などへかけるコストを増加したりと、あらゆる手段を講じています。新型コロナウイルスによって予期せぬ不況が目の前に迫ってきたことで、内定取り消しや雇い止めが発生しているとはいえ、根本的には人が足りない状況は変わりません。

また、今後一層IoT化、AI化が進むことで、誇張ではなく「今日の常識は明日の非常識」が現実味を帯びています。中小製造業は時代が求める変化に対応できず、今後どんどん仕事の幅が狭くなってしまい、人手不足も相まって、日本のものづくりは窮地に追い込まれます。

ただ、実際のところ、このような状況にあるにもかかわらず、

「危機感はなんとなくあるが、とりあえず明日も仕事があるから、今は事業

拡大と言っている場合ではない」

と思っている人が多いのではないでしょうか。

日々の業務が忙しい、新しい設備や技術を導入しようにもマンパワーが足りない、予算がない、など、理由はさまざまでしょう。しかし、事情がどうあれ、時間は待ってくれません。アジア諸国を始めとした海外製品のクオリティもだんだんと向上し、これまで以上に競争は激化します。これまでさまざまな理由をつけて後回しにしていた人たちは、いよいよ逃げ道がなくなっているのです。

遅かれ早かれ、向き合わなければならない問題ですから、手遅れになる前に動き出さなければなりません。動いているうちに、さまざまな問題に直面するのです。

新しいものを見つけようと思っても、そうそう見つかるものではありません。マンパワーを割いて新規事業部を立ち上げようとしても、そもそもギリギリの人員で日々の仕事をこなしているような中小企業は、人件費も時間もかけている場合ではありません。

時間が経てば経つほど、すでに動き出している企業との差は開いていきます。経営者であれば、少なからずその危機感を抱いていることでしょう。今の時代「うちの企業だけは、うちの業界だけは永遠に安泰だ」などと考えている企業はないはずです。

テレワークが変えた価値観

新型コロナウイルスの流行で、クローズアップされたのが「テレワーク」という言葉です。この言葉を聞いて

「中小製造業には関係ない」

と思っているのだとしたら、それは大きな間違いです。

テレワークは、単にデスクワークをしていた人たちが働く場所をオフィスから自宅やカフェなどに移しただけではありません。いくつかの企業で実践されましたが、長い企業だとまるまる3ヶ月以上、テレワークを導入しています。

その結果、経営者も労働者も「社員が出社しなくても会社が回る」ことを知ってしまうのです。もちろん、テレワークだけでなく、時差出勤や、学校の一斉休校などによって、社会人の「日常」を根本から見直さなければならなくなりました。

こうした事態が世界中で広まれば、確実にものづくり業界にも大きな影響が及びます。たとえば、オフィス用機器を製造・販売しているメーカーは、オフィスがなくなれば、需要がなくなります。事務用品などの需要も少なくなるかもしれません。社用車も必要がなくなり、そもそもオフィスが入る建物も必要なくなるかもしれません。

これらは現時点での、あくまで可能性の話ですが、社会はすべてつながっているので、どこかのネジが狂ってしまえば、バタフライ効果のように影響が波及していきます。価値観の変化が、世の中の仕組みを変えていくのです。特に経営者であれば、そこまで想像力を働かせなければなりません。

突き抜けた存在になる必要がある

お金がない、人手がない、時間がない……。ないないづくしの中小製造業にとって、限られた環境の中でやらなければならないことは明確です。その限られた中で他社との圧倒的な差別化を図ることです。

言うは易し、と思われるかもしれませんが、市場をくまなくリサーチしても、同業他社の研究を何年続けても、結局たどり着くところは同じなのですから仕方ありません。特に私は、論理的な経営は一切してきませんでした。常に直感に従い、流行を追い求めるのではなく、常識にとらわれないものづくりをする、ということだけに注力をしてきました。

そんな風に、中小企業の経営者がやるべきことはとてもシンプルです。30年以上続いている企業の創業社長の多くはそのことを肌で感じています。私の周りにいる経営者は「他社と同じことをしない」「人真似をしない」を信条としていて、社是や経営理念に掲げています。私の会社も「誰の真似でもない独創的な製品をつくり続ける」という基本理念を掲げています。それほど、中小製造業にとってオリジナリティは重要なポイントとなるのです。

確かに、すでにヒットしている製品や流行に便乗してものづくりをしていれば、一時的にはヒット商品を生み出す可能性は上がるかもしれません。しかし、それは所詮二番煎じ、三番煎じの域を出ませんから、長続きしないでしょう。開発の苦労を経験していないので、商品に対する愛情がオリジナルのメーカーとはまるで違う。だから、そういうやり方をしていると、商品が少し売れなくなったりするとすぐに撤退してしまったり、別の人気商品に乗り換えたりしてしまいます。結局のところ最終的に人々の記憶に残り、商品が残るのはオリジナルなのです。

第一、仮に誰かのアイデアにうまく乗っかって運よく利益を出すことができたとしても、どこかうしろめたい気持ちが残るものではないでしょうか。胸を張って「うちの製品が日本一」だと言えないのはさみしいものです。

学歴は関係ない

じっとしていれば、競合他社は先にいく。競争社会でビジネスをしている以上、この事実から逃れることはできません。誰がどう考えたって、ガチャ万景気の時代に戻ることはありえないのです。行動できない企業は淘汰されるのが宿命です。

ここで言う行動とは、昨日と同じ仕事を一生懸命にやる、ということではありません。それを続けながら、新しいことへ挑戦することを指しています。

コロナショックで世界中が右往左往している中でも、その原理は変わりません。「仕方ない」「国が悪い」「時代が悪い」と言ってみても、現実は非情です。救済措置が施行されたとしても一時しのぎにしかならないはずです。根本的な行動を、今この瞬間から始めるしか、中小製造業が生き残る道はないのです。

ビジネスの世界で成功を収めるためには、いわゆる学校の勉強が良くできることとは関係ないと思っています。実際、私は高校時代ろくに勉強していませんでしたし、大学進学もしていません。昔は強烈な学歴コンプレックスを抱いていたほどです。

しかし、これまで経営者としていくつもの業種転換を成功させてきたことで、「学歴が業績を決めるのではない」ということを証明できました。今では、私のような学歴のない人間でも、直感経営で成功できると確信しています。

もっと言うと、むしろ大切なのは、学（＝勉強で得た知識）に囚われない柔軟な発想、そして行動力です。学歴に囚われ、中途半端に常識や教養が染み付いている人は、一定の枠組みの中でしかものごとを考えられない場合もあるかもしれません。特に常識があっという間に変わってしまう昨今においては、より柔軟性が求められるはずです。

もちろん、単純に知識や教養がある人の方が、多くの判断材料があるので、勉強などは無意味だ、と言っているわけではありません。私は今でも、興味がある分野についてはもっと勉強しておけば良かったと思うこともあるので、社員には「本を読め」と口酸っぱく言っています。

ここで言いたいのは、成功と学歴はイコールではないということです。

変革期をどう捉えるか

私の会社の製品が多くの市場で役立ててもらっているのは、常識を変える画期的な製品を利用することで、新たな技術の発展の可能性が広がるということでした。

中小製造業は特に当てはまるかもしれませんが、今ある人材や資源をいかに無駄なく、フルに活用できるかどうかを考え、段取りをしていると思います。ゆえに、なにか新しいことを始めようと思ったら、誰かが余分に働くしかないはずです。

これまで、多くの中小製造業経営者は

「努力と工夫で効率化を図り、時間を生み出すことができれば、同じ時間でもう一つ製品をつくることができる」

という思考になっていました。作業効率をとにかく最適化し、一つでも多くの製品をつくることこそが、利益を上げるための唯一の方法だと。

しかし、私は効率化によって余力が生まれたら、最低限の生産以外は、とにかく新しい可能性を探す時間にあてるべきだと考えます。そうしなければ真の意味のイノベーションを起こすことができず、いつまで経っても下請けから脱却することはできないからです。

もし先述の義肢メーカーが効率化によって生み出した時間を「もう一つ余計につくれる」と判断し、単に生産能力を上げることにとどめてしまっていたら、もしかしたら「動かせる義肢」の分野に踏み出せなかったかもしれません。

新しい常識をつくるということが簡単なことだ、とはとても言えません。私自身「もう一つ余計につくる」という思考で動いた方が何倍も楽だろうと思います。なぜなら、そちらは一つ余計につくったら、どれくらいの労力がかかって、いくら儲かり……という計算がすぐにできるからです。経営判断に正解はないのかもしれませんが、可能性が広がったのであれば新しい挑戦をすべきだと思っています。

不況を逆手に取ったビジネス

少なくとも10年以上経営に携わっている人であれば、これまでもいくつかの不況を経験しているのではないでしょうか。特に２００８年に起こったリーマン・ショックや２０１１年の東日本大震災によって大きな影響があった企業は多いはずです。その際、大胆な挑戦を成功させて生き残りを図った企業であれば、今回もきっと生き残るでしょう。どんな状況下であれ、生き残り方や投資のしどころをしっかりと見極めることができる人や企業は一定数いるものです。

憂慮すべきは、これまでそのような瀬戸際を守りの姿勢でなんとか生き残ってきた人であり、企業です。

苦難を乗り越えて今も経営が続いていることはそれだけで素晴らしいことではありますが、能動的に行動を起こしたわけではなく、じっと事態の終息を待っている姿勢では、いつまで続くかわからない不安に怯え続けなければなりません。

当然、「ムダを省いて経費を抑える」「経営規模縮小」「広告費、人件費の削減」などの対策はどの規模の企業でも考えなければならない問題ではあるでしょうが、それだけでは不十分だと私は考えます。

「この状況で、積極的にこの行動をとったから生き残った」という経験こそ、どんな状況でも生き残れる強い企業になるために不可欠なことなのです。

しかし、難しいのは「皆が守りに入っているから、とにかく攻めに転じる」と逆張りをするだけでは結果はついてこないということです。直感を信じた行動が結果的に主流と逆の方向であることはよくあるのですが、不思議なことに、単に「逆張りさえすればうまくいくだろう」という考えで行動する場合にはうまくいかないことが多かったりするものです。

当然といえば当然のことなのですが、なりふり構わず資源を投入しても効果的ではありませんし、自殺行為だと言われても仕方ありません。状況をしっかりと見極めた上で、自分の脳に質問し、直感を得ることで、これから必要になると思える分野に正しく時間と労力をかけることが大切です。不況には不況なりの、好景気には好景気なりの動きというものがあるはずです。なにをすればいいか、それは企業によって異なります。周囲がバタついている今こそ、すこし立ち止まって自分の脳に相談する機会を増やすことをおすすめします。

競争は自分の得意分野で参加する

これらの行動は、理屈では理解できたとしても、なかなか行動に移すのは難しいと感じるものです。私自身も5回の業種転換をしてきましたが、いつも自信満々というわけではありません。経営者が下す一つひとつの判断で、大切な社員の生活を壊しかねないと考えると、慎重になってしまう気持ちもわかります。

なにか行動するためにはリスクはつきものですが、そういうこともすでに「頭ではわかっている」という経営者は多いでしょう。元も子もない話かもしれませんが、何冊ビジネス書を読み漁ったとしても、行動を起こさなければ実際はなにも変わりません。

どうせリスクを背負うのであれば、自分の得意分野で競争に参加するべきです。私は社会人になってから50年以上「脳への質問」と「直感経営」という、私なりのやり方で勝負をしてきました。最後の事例として、私が得意分野で成功のきっかけを掴んだエピソードを紹介します。

私はセールスで「正攻法はない」と確信した

私はセールスマンとしてキャリアを積んできました。研究畑の出身ではないので、私の会社で新製品の研究・開発が行われている間、手伝えることはありません。それゆえ、先述の通り、日本全国へ営業行脚に出かけたりしていました。

裏を返すと、セールスには多少自信があるということです。ただ、これも元々セールストークが抜群にうまいわけではなく、センスのある提案書がつくれるわけでもありませんでした。それでも、22歳で入社した生命保険会社で、5年間で10億7500万円を稼ぎトップセールスマンになることができました。

保険会社に入社したばかりの頃の私は、上司から言われた通りに行動していました。電話帳をめくり、めぼしい企業に電話をかけて「こんなものがあるのですが、一度お話を聞いてもらえませんか」と言うのです。大抵は断られてしまい、日付を入れ、赤線でチェックをし、次の企業へ電話します。今も昔も変わらない、テレアポ業務そのものです。右も左もわからないので、私は最初がむしゃらに電話をかけていましたが、一向に成果がでません。なにかいい方法はないかと周りを見回しますが、ほかの人たちも右へ倣えで機械的にセールスに取り組んでいます。その姿を見て、私は違和感を抱くようになりました。

先輩社員の電話の内容をこっそり聞いていると、話のうまい人もいれば、おどおどしてうまく話せない人もいる。聞き上手な人もいれば、電話口の相手に説教をしている人もいる。セールスマンも十人十色なのに、やり方はみんな同じなのはおかしいと思ったのです。

それから私は自分に適したやり方があるはずだと思い、受話器を置いて外へ出るようにしました。会社にはいい加減な理由を申告しました。この行動については、なにか思うところがある人もいるかもしれませんが、私としては「結果的に会社に利益をもたらせば問題ないだろう」という考えでした。

その結果、私は片っ端からあらゆる会社を訪問し、片っ端から断られました。断られた、というより、そもそも商談のテーブルにつくことすらできなかったのです。

「あいにく社長は不在でして」

「いきなり来られても困りますよ」

「資料だけ預かっておくように言われました」

といった具合で、受付の先へ行くことがどうしてもできませんでした。私はそのときはじめて「これはマズイかもしれない」と思いました。それまでは、直接社長に会うことができればこっちのものだ、くらいに思っていたのですが、それすら叶わないのです。

全くセールスができないまま数ヶ月が経過しました。会社に見得を切って外に出ているため、会社からも「サボっているんじゃないだろうな」と怪しまれるようになりました。そんな日々が続き、夜は不安で眠れなくなり、真っ青な顔で会社を回るので不審がられ、悪循環に陥ってしまいました。しまいには胃潰瘍を患ってしまい、絶望的な気分にもなりました。

ただ、逃げ出そうという気持ちには一度もなりませんでした。事業家になるという夢のために、修業の場として選んだセールスの世界です。その最初の一歩でくじけていては絶対に先はない、という思いがあったからです。

私は病床で、どうやったら毎月成績を残せるかを必死に考え、脳への質問を繰り返しました。これまでの行動を振り返り、一つひとつの行動を反すうしました。今になって思えば、そのときにがむしゃらに動くのではなく、一度立ち止まって脳からの回答を得ることに時間を使ったことが功を奏する要因だったのかもしれません。

「どの行動がダメだったのか、どの行動がよかったのか。ほかの人はなにをやっていて、なにをやっていないのか……」

思考を巡らせていくうちに、私は脳から一つの回答を得ることができました。

「まず、経理担当者を攻略しよう」

将を射んと欲すれば先ず馬を射よ

当時私は22歳。仮に運よく訪問先の社長と話すチャンスがあったとしても、こんな若造のたどたどしいセールストークをまともに聞いてもらえるとは思えません。だから私は、社長に気に入られる人間になろうと考えました。

社長に気に入られるためにはどうすればいいか。それは、社長が好きなものの話をすれば早い。ゴルフなのか、釣りなのか、競馬なのか、酒なのか、女性なのか。

では、どうすれば社長の趣味や好きなものを知ることができるのか。社員に聞くのが一番です。どんな社員がそれを知っているのか。それが「経理」だと私は睨んだのです。

大手企業や、最近の企業はそうでもありませんが、50年前の中小企業は「経理のおばちゃん」は創業当初から変わらずに務めているのが相場でした。社長はお金の動きを信頼できない人に任せたくない。だから、なるべく気の置けない人にやってもらいたいはずだと私は当たりをつけました。実際、私が訪問する企業のほとんどで、経理はおばちゃんが務めていました。

加えて経理のおばちゃんは領収書の処理をしています。そこから社長の趣味につながる出費などもわかるのではないかと考えたのです。

目標がハッキリしたことで、私の行動はがらりと変わりました。決意の翌日から早速セールス先に「世間話」をしに行くようになりました。この「経理攻略作戦」はどんなに早く行動したところで今日明日に結果が出るものではありません。これまでの遅れを取り戻すためにも、早く結果を残さなければならないので、具合が悪いなどと言っている場合ではなかったのです。

人形焼の力

私はまずいくつかの企業に絞って、毎日のように訪問しました。受付の人も「社長に会いに来た」と言えば身構えたりするのですが、「社長とは会えませんか、あ、○○さんこんにちは」という感じで経理の人と話を始めると、そこまで嫌な顔はされませんでした。

それでも、大した用もないのに毎日毎日訪問していると流石に怪しまれるので、たまに人形焼をその会社の社員分買って行くようにしていました。なぜ人形焼かと言うと、デパートなどの立派なお菓子よりも親しみがあるというのがひとつ。そして、なによりも安いので人数分買ったとしても大した出費にはならず、少ない私の収入でもしばしば買うことができたからです。もちろん、経費で落とすことなどできないのですが、それで大きな契約につながるなら安いものだ、と思っていました。さらに「身銭まで切ったんだ。なんとしてでもものにしてやる」というモチベーションにつながります。

人形焼の力は偉大でした。相手の企業に好評で、経理担当者や出入り業者、受付の社員などをどんどん味方につけることに成功しました。少しずつですが、社長の好みなども聞くことができました。新しい情報を得た日、私は家に帰ってからすべてノートに記しました。そのノートは企業ごとにつくっていて、日々更新される社長の情報を積み上げて、社長対策を練っていきました。

社長は話を聞いてもらいたい

社長の情報が十分聞けたと思ったタイミングで「そう言えば社長と話をしていませんでしたね」と切り出します。このときにはもう社員のほとんどが味方についているので、アポイントを取るのは簡単です。

そしてついに社長とご対面です。人間性から趣味、間のとり方など、すべての情報が入っているので、そこからそれないように話をしているだけで
「君は話をしていて楽しい」

という評価をもらうことができました。心を開いてくれたら、あとはダムが決壊したかのごとく社長はお話を始めます。私は話を聞くことには自信があったので、気持ちよく話をしてもらえるように心がけました。

この方法であらゆる会社で社長の面談にこぎつけていったのですが、不思議なことに、ほとんどの社長が話を聞いてもらえることを喜んでいるようでした。社長の懐に飛び込んでいって、本音で話ができる相手はなかなかいないんだということを学びました。

結果的に、私は5年で一件500万円ほどの契約を10億7500万円分も締結し、トップセールスマンになることができました。金額よりも、経営者になるための自信がついたことの方が大きな収穫でした。

もし私が、セールスの常識に囚われていて、周囲の人と同じようなやり方を

続けていたら、間違いなくトップセールスマンにはなれなかったでしょう。既存の方法に疑問を持ち、自分が「これだ！」と思ったやり方を見つけたら、あとはリスクを冒してでも挑戦する。これが一番私に合ったやり方であり、正攻法では決して超えられない壁が存在するのだと確信したことでした。

周囲と違うことを恐れず、自分が信じる直感に従って行動する。一社員でも、経営者でも共通する成功の方法です。自分が信じた道であれば、後悔はないはずです。「新しい常識はこの手でつくる」と腹を決めて、行動することが大切なのです。

おわりに

２０１９年末。中国で新型ウイルスが発生したというニュースが発信されました。日本では、年末年始のお祭りムードで浮かれ上がっていて、そのニュースはとても小さく、簡単に取り上げられていました。きっと世界中のほとんどの人がそのニュースを見てもいないでしょう。

私は、小さな枠で取り上げられていたそのニュースに釘付けになっていました。そして、恐怖していたのです。脳が大音量で危険シグナルを発していたのがはっきりわかりました。

悶々としたまま正月を過ごし、年明け早々、まず家族に危機が迫っていることを伝え、２０２０年2月初頭には役員たちに向かってコロナウイルスの感染リスクについて説明したうえで

「大不況がやってくる。危機が迫っている」

と伝えました。当時はまだコロナウイルスという単語も聞いたことがない人

たちばかりです。まして、今年（２０２０年）は東京オリンピック・パラリンピックが開催されることもあり、日本中が好景気に浮かれているような状況です。私はいつも予言めいたことを伝え、それが実現してきたので社員たちは私が彼らの予想を超えたことを言ったとしても、真剣に捉えてくれるようになっていました。ところが今回のコロナウイルスについては、先のオリンピックのこともあるからか、「流石にそこまで悪くはならないだろう」と思っていた人もいたかもしれません。その約2ヶ月後、東京オリンピック・パラリンピックは一年程度の延期が決まり、緊急事態宣言によって経済活動は止まりました。

直感に従い、脳への質問を繰り返しながら生きていると、良い予感も悪い予感もリアルに、正確に感じることができます。私と同じように、直感的に危機を感じていた人は、生き残りのための対策を講じる時間を、その他大勢の人よりも確保できています。

自分の家族や従業員といった、経営者にとって大切なものを守るためにも、私はこれからの時代、直感に従った経営をすべきだと思っています。

ここまでを見るとわかるように、分岐点のたびに私は、私自身が直感的に進むべきだと感じ、その先に感動・感激があると思える道を選んできました。この考えは、きっとこの先も変わらないでしょう。

なにをもって成功とするのかは人それぞれ違うので、私の経験や考え方がすべての人にとって有益なものではないかもしれません。ただし、本書で私は一貫して、商売や人の心の「本質」について語ったつもりです。たとえその一部分であっても、あなたの心を感動・感激させることができたのだとしたら、著者としてこんなに嬉しいことはありません。

株式会社シンキー　石井　重治

直感経営　NASAが“刃”のないミキサーを使う理由

発行日　2020年7月20日　第1刷

Author　石井重治

Book Designer　佐々木博則（s.s.TREE gesign office）

発行　ディスカヴァービジネスパブリッシング
発売　株式会社ディスカヴァー・トゥエンティワン
〒102-0093　東京都千代田区平河町2-16-1 平河町森タワー11F
TEL　03-3237-8321（代表）03-3237-8345（営業）
FAX　03-3237-8323
http://www.d21.co.jp

Publisher　谷口奈緒美
Editor　藤田浩芳（編集協力：株式会社デイズ）

Business Solution Company　蛯原昇　志摩晃司　野村美紀　南健一

Publishing Company　蛯原昇　梅本翔太　千葉正幸　古矢薫　青木翔平　大竹朝子
小木曽礼丈　小田孝文　小山怜那　川島理　川本寛子
越野志絵良　佐竹祐哉　佐藤淳基　佐藤昌幸　志摩麻衣
竹内大貴　滝口景太郎　直林実咲　野村美空　橋本莉奈
原典宏　廣内悠理　三角真穂　宮田有利子　渡辺基志
井澤徳子　藤井かおり　藤井多穂子　町田加奈子

Digital Commerce Company　谷口奈緒美　飯田智樹　大山聡子　安永智洋　岡本典子
早水真吾　三輪真也　磯部隆　伊東佑真　王廳　倉田華
小石亜季　榊原僚　佐々木玲奈　佐藤サラ圭　庄司知世
杉田彰子　高橋雛乃　辰巳佳衣　谷中卓　中島俊平
西川なつか　野﨑竜海　野中保奈美　林拓馬　林秀樹
牧野類　三谷祐一　元木優子　安永姫菜　中澤泰宏

Business Platform Group　大星多聞　小関勝則　堀部直人　小田木もも　斎藤悠人
山中麻吏　福田章平　伊藤香　葛目美枝子　鈴木洋子

Company Design Group　松原史与志　井筒浩　井上竜之介　岡村浩明　奥田千晶
田中亜紀　福永友紀　山田諭志　池田望　石光まゆ子
石橋佐知子　齋藤朋子　俵敬子　丸山香織　宮崎陽子

Printing　大日本印刷株式会社

ISBN 978-4-910286-01-3